能源与动力工程专业
实验指导手册

主　编　陈　姝　陈嘉澍　沈向阳
副主编　谢　宇　李世宇　雷朋飞

哈尔滨工程大学出版社
Harbin Engineering University Press

内 容 简 介

本书讲述了热工基础部分和制冷空调方向主要课程配套的实验环节,包括各实验目的及要求、实验装置、实验方法及步骤、实验数据记录及处理等内容,介绍了流体力学、工程热力学、传热学、制冷原理与设备、空气调节、制冷压缩机拆装、热工测试与自动化、冷库设计、小型制冷装置、建筑电气设计与实验、离心泵性能测定和循环热水机性能等课程配套实验。

本书可作为高等院校、成人教育能源动力类专业学生的实验教材,也可作为对能源动力感兴趣的人员的参考书。

图书在版编目(CIP)数据

能源与动力工程专业实验指导手册/陈姝,陈嘉澍,
沈向阳主编. —哈尔滨:哈尔滨工程大学出版社,
2023.11
　　ISBN 978-7-5661-4172-9

　　Ⅰ.①能… Ⅱ.①陈… ②陈… ③沈… Ⅲ.①能源-
实验-高等学校-教学参考资料②动力工程-实验-高等
学校-教学参考资料 Ⅳ.①TK-33

中国国家版本馆 CIP 数据核字(2023)第 238051 号

能源与动力工程专业实验指导手册
NENGYUAN YU DONGLI GONGCHENG ZHUANYE SHIYAN ZHIDAO SHOUCE

选题策划	马佳佳
责任编辑	章 蕾
封面设计	李海波

出版发行	哈尔滨工程大学出版社
社　　址	哈尔滨市南岗区南通大街 145 号
邮政编码	150001
发行电话	0451-82519328
传　　真	0451-82519699
经　　销	新华书店
印　　刷	哈尔滨午阳印刷有限公司
开　　本	787 mm×1 092 mm　1/16
印　　张	7
字　　数	184 千字
版　　次	2023 年 11 月第 1 版
印　　次	2023 年 11 月第 1 次印刷
书　　号	ISBN 978-7-5661-4172-9
定　　价	39.80 元

http://www.hrbeupress.com
E-mail:heupress@ hrbeu.edu.cn

前　言

　　仲恺农业工程学院能源与动力工程专业是广东省一流专业建设点，是广东省的特色专业，是广东省应用型人才培养示范专业。该专业建设 30 年来，为华南地区培养了一批高水平应用型人才。一流人才培养模式的建设目标和能源与动力工程专业在国民经济发展中的重要作用，向地方院校人才培养提出了注重实践、创新发展的新要求。

　　本书内容涵盖了专业基础课和专业课程实验。实验内容按照大纲要求与各门课程紧密结合，根据教学要求和学生能力培养分别设置了验证性实验、创新性实验和综合性实验等，用于提高学生的动手能力和实验水平，使学生学会处理和分析实验数据、撰写实验报告，为将来从事生产实践和技术研发打下坚实的基础。

　　本书基于华南地区制冷空调区域产业人才需求，以及仲恺-芬尼热泵产业学院的建设基础和需求，由仲恺农业工程学院和广东芬尼科技股份有限公司共同编写完成，实践性及应用性较强。本书由仲恺农业工程学院陈姝副教授、陈嘉澍高级实验师和沈向阳教授担任主编，由仲恺农业工程学院李世宇老师、谢宇老师和广东芬尼科技股份有限公司研究院院长雷朋飞等担任副主编。

　　由于编者水平所限，书中难免有不足之处，恳请广大读者批评指正。

编　者

2023 年 7 月

目　　录

第1章　流体力学实验

本实验以多用途流体力学综合实验台为实验装置,其结构示意图如图 1-1 所示。

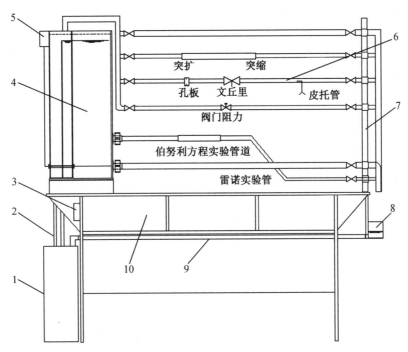

1—储水箱;2—上回水管;3—电源插座;4—恒压水箱;5—墨水盒;6—实验管段组;
7—支架;8—计量水箱;9—回水管;10—实验桌。

图 1-1　多用途流体力学综合实验台结构示意图

利用这种实验台可以进行下列实验:雷诺实验、能量方程实验、管路阻力实验、沿层阻力实验、局部阻力实验、孔板流量计流量系数和文丘里流量系数的测定、皮托管对流速和流量的测定。

1.1 雷 诺 实 验

一、实验目的及要求

1. 观察流体在管道中的流动状态。
2. 测定几种状态下的雷诺数。
3. 了解流态与雷诺数的关系。

二、实验装置

在多用途流体力学综合实验台中,雷诺实验涉及的部分有高位水箱、雷诺实验管、阀门、伯努利方程实验管道、颜料水(墨水)盒及其控制阀门、上水阀门、出水阀门、水泵和计量水箱、秒表及温度计。

三、实验方法及步骤

(一)准备工作

先将实验台的各个阀门置于关闭状态。然后开启水泵,全开上水阀门使水箱注满水,再调节上水阀门,使水箱水位保持不变,并有少量溢流,同时用温度计测量水温。

(二)观察状态

打开颜料水控制阀,使颜料水从注入针流出,颜料水和雷诺实验管中的水迅速混合成均匀的淡颜色水,此时雷诺实验管中的流动状态为紊流。随着出水阀门的不断关小,颜料水与雷诺实验管中的水渗混程度逐渐减弱,直至颜料水与雷诺实验管中形成一条清晰的线流,此时雷诺实验管中的流动状态为层流。

(三)测定几种状态下的雷诺数

先全开出水阀门,然后逐渐关闭出水阀门,直至开始保持雷诺实验管内的颜料水流动状态为层流状态。按照从小流量到大流量的顺序进行实验,在每一个状态下测量体积流量和水温,并求出相应的雷诺数。

实验数据处理举例如下。

设某一工况下体积流量 $q = 3.467 \times 10^{-5}$ $\mathrm{m^3/s}$,雷诺实验管内径 $d = 0.014$ m,实验水温 $T = 5$ ℃,查水的运动黏度与水温曲线可知,液体运动黏度 $v = 1.519 \times 10^{-6}$ $\mathrm{m^2/s}$。则平均流速 u:

$$u = \frac{q}{F} = \frac{3.467 \times 10^{-5}}{\frac{\pi}{4} \times 0.014^2} = 0.255 \text{ m/s} \tag{1-1}$$

式中 F——实验管截面面积,$\mathrm{m^2}$。

雷诺数 Re：

$$Re = \frac{ud}{v} = \frac{0.014 \times 0.225}{1.519 \times 10^{-6}} = 2\,075 \qquad (1-2)$$

根据实验数据和计算结果,可绘制出雷诺数与流量的关系曲线(图 1-2)。不同温度下,对应的曲线斜率不同。

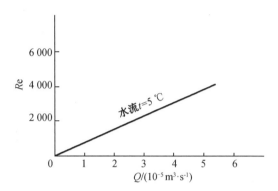

图 1-2　雷诺数与流量的关系曲线图

(四) 测定下临界雷诺数

调整出水阀门,使雷诺实验管中的流动处于紊流状态,然后缓慢地关小出水阀门,观察管内颜色水流的变动情况。当关小到某一程度时,管内的颜料水开始成为一条流线,即紊流转变为层流的下临界状态。记录下此时的相应的数据,求出下临界雷诺数。

(五) 观察层流状态下的速度分布

关闭出水阀门,用手挤压颜料水开关的胶管 2～3 下,使颜料水在一小段管内扩散到整个断面,然后微微打开出水阀门,使管内呈层流状态,这时即可观察到水的层流流动呈抛物状,演示出管内水流流速分布。

注意:每调节水阀门一次均须等待稳定几分钟。关小阀门的过程中,只许渐小,不许开大。随着出水流量减小,应当调小上水阀门,以减少溢流流量引发的振动。

1.2 能量方程实验

一、实验目的及要求

1. 观察流体流经能量方程实验管时的能量转化情况,并对实验中出现的现象进行分析,从而加深对能量方程的理解。

2. 掌握一种测量流体流速的原理。

二、实验装置

在多用途流体力学综合实验台中,能量方程实验部分涉及的设备有上水箱、能量方程实验管、上水阀门、出水阀门、水泵、测压管板和计量水箱等。

三、实验方法及步骤

先开启水泵,全开上水阀门使水箱注满水,再调节上水阀门,使水箱水位保持不变,并有少量溢出。

(一)能量方程实验

调节出水阀门至一定开度,测定能量方程实验管 4 个断面 4 组测压管的液柱高度,并利用计量水箱和秒表测定流量。改变阀门的开度,重复上面的方法进行测试,然后把数据记录在表 1-1 中。根据测试数据的计算结果,在图 1-3 中绘出某一流量下各种水头线,并运用能量方程进行分析,解释各测点各种能头的变化规律。

表 1-1 能量方程实验数据记录表

流量/$(m^3 \cdot s^{-1})$	序号 I		序号 II		序号 III		序号 IV	
	液柱高/mmH$_2$O[①]							
	测点 1	测点 2	测点 3	测点 4	测点 5	测点 6	测点 7	测点 8
能量方程管内径 d/mm								
管断面的中心线距基准线高/mm								
流速水头/mmH$_2$O								
压力水头/mmH$_2$O								

表1-1(续)

—	序号I		序号II		序号III		序号IV	
	液柱高/mmH$_2$O①							
	测点1	测点2	测点3	测点4	测点5	测点6	测点7	测点8
总水头/mmH$_2$O								
水头损失/mmH$_2$O								

注:①1 mmH$_2$O=9.806 65 Pa。

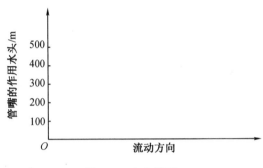

图1-3 水头线图

实验结果还清楚地说明了连续方程:对于不可压缩的流体稳定流动,当流量一定时,管径粗的地方流速小,管径细的地方流速大。

(二)测速

能量方程实验管上的4组测压管的任1组都相当于1个皮托管,可测得管内的流体速度。由于本实验台将总测压管置于能量方程实验管的轴线,所以测得的动压水头代表了轴心处的最大速度。

皮托管求点速度的公式为

$$u=c\sqrt{2g\Delta h}=k\sqrt{\Delta h} \quad k=c\sqrt{2g} \tag{1-3}$$

式中　u——皮托管测点处的流速,m/s;

　　　c——皮托管的校正系数;

　　　Δh——皮托管全压水头与静压水头差,m;

　　　g——重力加速度,m/s^2。

又有

$$u=\varphi\sqrt{2g\Delta H} \tag{1-4}$$

式中　φ——测点流速系数;

　　　ΔH——管嘴的作用水头,m。

联立式(1-3)和式(1-4)可得

$$\varphi=c\sqrt{\frac{\Delta h}{\Delta H}} \tag{1-5}$$

在进行能量方程实验的同时,可以测定出各点的轴心速度和平均速度,测试结果记入表1-2中。如果用皮托管求出所在截面的理论平均速度,可根据该截面中心处的最大流速、雷诺数与平均流速的关系,并参考有关流体力学原理求出得数。

表 1-2　轴心速度与平均速度关系表

I d_1/mm		II d_2/mm		III d_3/mm		IV d_4/mm	
轴心速度 u_B /(m·s^{-1})	平均速度 u /(m·s^{-1})	轴心速度 u_B /(m·s^{-1})	平均速度 u /(m·s^{-1})	轴心速度 u_B /(m·s^{-1})	平均速度 u /(m·s^{-1})	轴心速度 u_B /(m·s^{-1})	平均速度 u /(m·s^{-1})

1.3　沿程水头损失与流速的关系

一、实验目的及要求

1. 验证沿程水头损失与平均流速的关系。
2. 对照雷诺实验,观察层流和紊流两种流态及其转换过程。

二、实验原理

对沿程阻力两测点的断面列能量方程:

$$Z_1+\frac{p_1}{\rho g}+\frac{a_1 u_1^2}{2g}=Z_2+\frac{p_2}{\rho g}+\frac{a_2 u_2^2}{2g}+h_w \qquad (1-6)$$

式中　Z_1、Z_2——流体在管道测点 1 和测点 2 截面中心至基准水平的垂直距离,m;

$\quad\quad p_1$、p_2——流体在管道测点 1 和测点 2 截面处的压强,Pa;

$\quad\quad u_1$、u_2——流体在管道测点 1 和测点 2 截面处的流速,m/s;

$\quad\quad a_1$、a_2——流体在管道测点 1 和测点 2 截面处的动能修正因数;

$\quad\quad h_w$——测压管水头差,m;

$\quad\quad \rho$——水的密度,kg/m³;

$\quad\quad g$——重力加速度,m/s²。

因实验管段水平都为均匀流动,故有以下关系:

$$Z_1=Z_2;d_1=d_2;u_1=u_2;h_w=h_r \qquad (1-7)$$

从而有

$$h_r=\frac{p_1}{\rho g}-\frac{p_2}{\rho g}=\Delta h \qquad (1-8)$$

式中　h_r——沿程水头损失,m。

由式(1-8)求得沿程水头损失,同时根据实测流量计算平均流速 u,将所得数据记录在表 1-3 中,并把 h_w、$\lg v$ 点绘在对数坐标上,就可确定沿程水头损失与流速的关系,得到图 1-4。

表 1-3　沿程水头损失与流速的关系表

仪器常数:实验管内径 $d=$ _____ cm;管径横截面积 $A=$ _____ cm²。

流程长度 $L=$ _____ m;实验水温 $T=$ _____ ℃。

序号	h_1/cm	h_r/cm	h_2/cm	体积 V/cm³	$\lg h_r$	t/s	q/(cm³·s⁻¹)	u/(cm·s⁻¹)	$\lg u$
1									
2									
3									

表 1-3(续)

序号	h_1/cm	h_r/cm	h_2/cm	体积 V/cm³	lg h_r	t/s	q/(cm³·s⁻¹)	u/(cm·s⁻¹)	lg u
4									
5									
6									
7									
8									
9									
10									

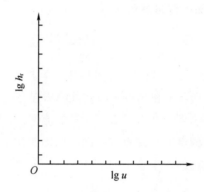

图 1-4　沿程水头损失变化图

三、实验方法及步骤

1. 将实验台阀门置于关闭状态,开启实验管道阀门,将泵开启,检验系统是否有泄漏,并排放导压胶管中的空气。

2. 开启调节阀门,测读测压计水面差。

3. 用体积法测量流量,并计算出平均流速。

4. 将实验的 h_w 与计算得出的 u 值标入对数坐标纸内,绘出 lg h_r-lg u 关系曲线。

5. 调节阀门逐次由大到小,共测 10 次。

6. 绘制出实验数据与曲线关系图。

1.4　沿程阻力系数的测定

一、实验目的及要求

1. 测定不同雷诺数 Re 时的沿程阻力系数 λ。
2. 掌握沿程阻力系数的测定方法。

二、实验原理

对沿程阻力两点的端面列能量方程：

$$h_r = \frac{p_1}{\rho g} - \frac{p_2}{\rho g} = \Delta h \qquad (1-9)$$

由达西公式得

$$h_r = \lambda \cdot \frac{L}{d} \cdot \frac{u^2}{2g} \qquad (1-10)$$

用体积法测得流量，并计算出断面平均速度，即可求得沿程阻力系数 λ：

$$\lambda = 2gd \cdot \frac{h_r}{Lu^2} \qquad (1-11)$$

三、实验方法及步骤

1. 本实验共进行粗细不同管径的 2 组实验，每组各做 6 次实验。
2. 开启进水阀门，使压差达到最大高度，作为第一个实验点。
3. 测读水柱高度，并计算高度差。
4. 用体积法测量流量，并测量水温。
5. 用不同符号将粗细管道的实验点绘制在图 1-5 中，形成 lg Re-lg 100λ 对数曲线。

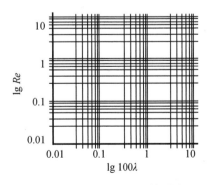

图 1-5　lg Re-lg 100λ 对数坐标图

四、实验数据记录及处理

实验数据记录在表 1-4 中。

表 1-4 沿程阻力系数的测定实验数据记录表

$d_{粗} = $ _____ cm；$L = $ _____ m。

$d_{细} = $ _____ cm；$t = $ _____ s；$\rho_{H_2O} = $ _____ g/cm³。

类型	序号	h_1/cm	h_2/cm	h_{Hg}/cm	h_{H_2O}/cm	t/s	Q_u /(cm³·s⁻¹)	u /(cm·s⁻¹)	Re	lg Re	λ	lg 100λ
粗管	1											
	2											
	3											
	4											
	5											
	6											
细管	1											
	2											
	3											
	4											
	5											
	6											

1.5　局部阻力损失实验

一、实验目的及要求

1. 掌握三点法、四点法测量局部阻力系数的技能。

2. 通过对圆管突扩局部阻力系数的包达公式和突缩局部阻力系数的经验公式的实验验证与分析,熟悉用理论分析法和经验法建立函数式的途径。

3. 加深对局部阻力损失机理的理解。

二、实验原理

写出局部阻力前后两断面的能量方程,根据曲线推导条件,扣除沿程水头损失。

1. 突然扩大时,可采用三点法计算,式(1-12)中 h_{f1-2} 由 h_{f2-3} 按流长比例换算得出:

$$h_{je} = \left[\left(Z_1 + \frac{p_1}{\rho g}\right) + \frac{au_1^2}{2g}\right] - \left[\left(Z_2 + \frac{p_2}{\rho g}\right) + \frac{au_2^2}{2g} + h_{f1-2}\right] = E_1 - E_2 \tag{1-12}$$

$$\xi_e = \frac{h_{je}}{\dfrac{au_1^2}{2g}} \tag{1-13}$$

式中　h_{je}——局部水头损失,m;

a——流体在断面截面处的动能修正因数;

u_1——横截面 1-1 的水流速度,m/s;

u_2——横截面 2-2 的水流速度,m/s;

h_{f1-2}——横截面 1-1 到横截面 2-2 流程上的沿程水头损失,m;

h_{f2-3}——横截面 2-2 到横截面 3-3 流程上的沿程水头损失,m;

E_1-E_2——横截面 1 的能量减去横截面 2 的能量;

ξ_e——局部阻力系数。

理论公式:

$$\xi_e = \left(1 - \frac{A_1}{A_2}\right)^2 \tag{1-14}$$

$$h'_{je} = \xi_e = \frac{au_1^2}{2g} \tag{1-15}$$

式中　A_1——横截面 1-1 的面积,m^2;

A_2——横截面 2-2 的面积,m^2;

h'_{je}——局部阻力系数。

2. 突然缩小时,可采用四点法计算,式(1-16)中 B 为突缩点,h_{f4-B} 由 h_{f3-4} 换算得出,h_{fB-5} 由 h_{fB-6} 换算得出:

$$h_{js} = \left[\left(Z_4 + \frac{p_4}{\rho g} + \frac{au_4^2}{2g}\right) - h_{f4-B}\right] - \left[\left(Z_5 + \frac{p_5}{\rho g} + \frac{au_5^2}{2g}\right) + h_{fB-5}\right] = E_4 - E_5 \quad (1-16)$$

$$\xi_s = \frac{h_{js}}{\dfrac{au_5^2}{2g}} \quad (1-17)$$

式中　h_{js}——局部水头损失,m;

$\quad\quad Z_4$——流体在断面 4 的截面中心至基准水平的垂直距离,m;

$\quad\quad p_4$——流体在断面 4 截面处的压强,Pa;

$\quad\quad u_4$——横截面 4-4 的水流速度,m/s;

$\quad\quad h_{f3-4}$——横截面 3-3 到横截面 4-4 流程上的沿程水头损失,m;

$\quad\quad h_{f4-B}$——横截面 4-4 到突缩点 B 的沿程水头损失,m;

$\quad\quad Z_5$——流体在断面 5 的截面中心至基准水平的垂直距离,m;

$\quad\quad p_5$——流体在断面 5 截面处的压强,Pa;

$\quad\quad u_5$——横截面 5-5 的水流速度,m/s;

$\quad\quad h_{fB-5}$——突缩点 B 到横截面 5-5 的沿程水头损失,m;

$\quad\quad f_{fB-6}$——突缩点 B 到横截面 6-6 的沿程水头损失,m;

$\quad\quad \xi_s$——局部阻力系数。

经验公式:

$$\xi_s = 0.5 \times \left(1 - \frac{A_5}{A_3}\right)^2 \quad (1-18)$$

$$h_{js}' = \xi_o = \frac{au_5^2}{2g} \quad (1-19)$$

式中　A_5——横截面 5 的面积,m^2;

$\quad\quad A_3$——横截面 3 的面积,m^2;

$\quad\quad h_{js}'$——经局部阻力系数修正的局部水头损失,m;

$\quad\quad \xi_o$——局部阻力系数。

三、实验方法及步骤

1.测记实验有关常数,并记录在表 1-5、表 1-6 中。

表 1-5　局部阻力损失实验记录表(一)

次序	体积/cm³	时间/s	流量/(cm³·s⁻¹)	测压管读数/cm					
				1	2	3	4	5	6

表 1-5(续)

次序	体积/cm³	时间/s	流量/(cm³·s⁻¹)	测压管读数/cm					
				1	2	3	4	5	6

表 1-6　局部阻力损失实验记录表(二)

阻力形式	次序	流量/(cm³·s⁻¹)	前剖面		后剖面		局部水头损失 h'_{je}/cm	局部水头损失 h'_{js}/cm
			$\dfrac{\alpha u^2}{2g}$/cm	E/cm	$\dfrac{\alpha u^2}{2g}$/cm	E/cm		
突然扩大								
突然缩小								

2. 打开水泵,排除实验管道中的滞留气体及测压管气体。

3. 打开出水阀至最大开度,等流量稳定后,测记测压管读数,同时用体积法计量流量。

4. 打开水阀开度 3~4 次,分别测记测压管读数及流量。

四、思考题

1. 分析比较突扩与突缩在相应条件下的局部损失大小关系。

2. 综合流动演示的水力现象,分析局部阻力损失的机理。产生突扩与突缩局部阻力损失的主要部位在哪里?怎样减小局部阻力损失?

1.6 阀门局部阻力系数的测定

一、实验目的及要求

1. 测定阀门不同开度时(全开、<30°、<45°)的阻力系数。
2. 掌握局部阻力系数的测定方法。

二、实验原理

对 Ⅰ、Ⅳ 两断面列能量方程式,可求得阀门的局部水头损失与 $2(L_1+L_2)$ 长度上沿程水头损失之和,用 h_{w1} 表示,则

$$h_{w1} = \frac{(p_1-p_2)}{\rho g} = \Delta h_1 \tag{1-20}$$

同理对 Ⅱ、Ⅲ 两断面列能量方程式,可求得阀门局部水头损失与 L_1+L_2 长度上的沿程水头损失之和,用 h_{w2} 表示,则

$$h_{w2} = \frac{(p_1-p_4)}{\rho g} = \Delta h_2 \tag{1-21}$$

所以阀门的局部水头损失应为

$$h_\xi = 2\Delta h_2 - \Delta h_1 \tag{1-22}$$

$$\xi \frac{u}{2g} = 2\Delta h_2 - \Delta h_1 \tag{1-23}$$

所以阀门的局部阻力系数应为

$$\xi = (2\Delta h_2 - \Delta h_1)\frac{2g}{u} \tag{1-24}$$

式中　u——管道断面的平均流速,m/s。

三、实验方法及步骤

1. 本实验共进行三组实验,阀门全开、阀门<30°、阀门<45°,每组做 3 个实验点。
2. 开启进水阀门,使压差达到测压计可测量的最大高度。
3. 测读压差,同时用体积法测量流量。
4. 变换阀门,开启角度,重复上述步骤。注意:每组各个实验点的压差值不要太接近。
5. 将数据记录在表 1-7 中,并绘制 $a=f(\xi)$ 图。

表 1-7　阀门局部阻力系数测定实验记录表

开启度	序号	h_1 /cm	h_2 /cm	Δh_1 /cm	h_1 /cm	h_2 /cm	Δh_2 /cm	$2\Delta(h_2-h_1)$/cm	体积 V /cm³	t/s	q /(cm³·s⁻¹)	u /(cm·s⁻¹)	ξ
全开													
<30°													
<45°													

1.7 文丘里流量计实验

一、实验目的及要求

1. 通过测定流量系数,掌握文丘里流量计测量管(文氏管)道流量的技术。
2. 验证能量方程的正确性。

二、实验原理

根据能量方程式和连续性方程式,可得不计阻力作用的文氏管过水能力关系式:

$$q_v' = \frac{\frac{\pi}{4}d_1^2}{\sqrt{\left(\frac{d_1}{d_2}-1\right)}}\sqrt{2g\left[\left(Z_1+\frac{p_1}{\rho g}\right)-\left(Z_2+\frac{p_2}{\rho g}\right)\right]} = K\sqrt{\Delta h} \qquad (1-25)$$

其中

$$K = \frac{\frac{\pi}{4}d_1^2}{\sqrt{\left(\frac{d_1}{d_2}-1\right)}} \qquad (1-26)$$

$$\Delta h = 2g\left[\left(Z_1+\frac{p_1}{\rho g}\right)-\left(Z_2+\frac{p_2}{\rho g}\right)\right] \qquad (1-27)$$

式中　q_v'——流量;

　　　K——文丘里流量计常数,对给定管径是常数。

由于阻力的存在,实际通过体积流量 q_v 恒小于 q_v'。引入无量纲系数 $\mu = \frac{q_v}{q_v'}$(μ 为文丘里流量修正系数)。

$$q_v = \mu q_v' = \mu K\sqrt{\Delta h} \qquad (1-28)$$

三、实验方法及步骤

1. 测计各有关常数。
2. 打开水泵,调节进水阀门,全开出水阀门,使压差达到测压计可测量的最大高度。
3. 测读压差,同时用体积法测量流量。
4. 逐次关小调节阀,改变流量 7~9 次,注意调节阀门应缓慢。
5. 把测量值记录在实验表格内,并进行有关计算。
6. 如测管内液面波动时,应取平均值。

四、实验数据记录及处理

记录计算有关数据,填写在表 1-8、表 1-9 中。

表1-8 文丘里流量计实验数据记录表

$d_1 =$ _____ cm;$d_2 =$ _____ cm;$T =$ _____ ℃;水运动粘度 $v =$ _____ cm^2/s。

水箱液面标尺值 $V_0 =$ _____ cm;管轴线高程表尺值 $\overline{V} =$ _____ cm;实验装置台型号:_____。

次序	测压管读数/cm				水量/cm^3	测量时间/s
	h_1	h_2	h_3	h_4		

表1-9 计算表

次序	q_v /(cm^3·s^{-1})	$\Delta h = h_1 - h_2 + h_3 - h_4$/cm	Re	$q_v' = K\sqrt{\Delta h}$ /(cm^3·s^{-1})	$\mu = \dfrac{q_v}{q_v'}$

1.8 皮托管测速实验

一、实验目的及要求

1. 通过对管嘴淹没出流流速及点流速系数的测量,掌握用皮托管测量点流速的技能。

2. 了解普朗特型皮托管的构造和使用性,并检验其测量精度,进一步明确传统流体力学测量仪器的现实作用。

二、实验原理

$$u=c\sqrt{2g\Delta h}=k\sqrt{\Delta h} \quad k=c\sqrt{2g} \qquad (1-29)$$

又有

$$u=\varphi\sqrt{2g\Delta h} \qquad (1-30)$$

联立式(1-29)、式(1-30)得

$$\varphi=c\sqrt{\frac{\Delta h}{\Delta H}} \qquad (1-31)$$

三、实验装置

皮托管实验台如图 1-6 所示。

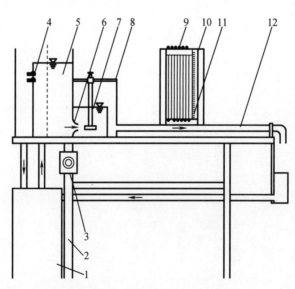

1—自循环供水器;2—实验台;3—调速器;4—水位调节阀;5—恒压水箱;6—管嘴;
7—皮托管;8—导轨;9—测压管;10—测压计;11—滑动测量尺;12—上回水管。

图 1-6 皮托管实验台

四、实验方法及步骤

1. 先熟悉实验装置各部分名称、作用性能,弄清楚构造特征、实验原理,然后用一塑料管将上、下水箱的测点分别与测压计中的测管 1、2 相连通,接着将皮托管对准管嘴,距离管嘴出口处 2~3 cm,上紧螺丝固定。

2. 开启水泵,顺时针打开调速器开关,将流量调节到最大。

3. 排气,待上、下游溢流后,用吸气球放在测压管口部抽吸,排除皮托管及各连通管道中的气体,用静水闸罩住皮托管,可检查测压计液面是否齐平,液面不齐平可能是空气没有排尽,必须重新排气。

4. 测记各有关常数和实验参数,填入表 1-10 中。

表 1-10　皮托管测速实验记录表

$c =$ _____ ; $k =$ _____ cm$^{0.5}$/s。

次序	上下游水位差/cm			皮托管水头差/cm			测点流速 $u = k\sqrt{\Delta h}/(\text{cm} \cdot \text{s}^{-1})$	测点流速系数 $\varphi = c\sqrt{\Delta h/\Delta H}$
	h_1	h_2	ΔH	h_3	h_4	Δh		

5. 改变流速操作调节阀并相应调节调速器,使溢流量适中,共可获得 3 个不同恒定水位与相应的不同流速。改变流速后,按上述方法重复测量。

6. 完成下述实验项目。

(1)分别沿垂向和沿流向改变测点的位置,观察管嘴淹没射流的流速分布。

(2)在有压管道测量中,管道直径相对皮托管的直径在 6~10 倍以内时,误差在 2%~5%以上,不宜使用。试将皮托管头部伸入管嘴中,予以验证。

7. 实验结束时,按上述 3 的方法检查皮托管测压计是否齐平。

五、实验数据记录及处理

将实验数据记录在表 1-10 中。

1.9　边界层演示实验

一、实验目的及要求

1.通过观察流体流经固体壁面所产生的边界层及层分离的现象,加强对边界层的感性认识。

2.观察流体流动对边界层的影响。

二、实验原理

边界层仪由点光源、模型和屏组成(图1-7)。模型被加热后有自下而上的空气对流运动,模型壁面上存在着导流边界层,因为层流边界层几乎不流动,传热情况很差,所以层内温度远高于周围空气的温度而接近模型面温度。用热电偶测出模型壁面温度有350 ℃。

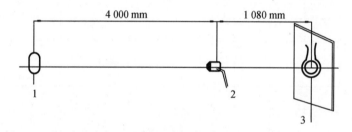

1—点光源;2—模型;3—屏。

图1-7　边界层仪

气体对光的折射率有下列关系:

$$(n-1)\frac{1}{\rho}=恒量 \tag{1-32}$$

式中　n——气体折射率;

　　　ρ——气体密度,kg/m^3。

由于边界层内气体的密度与边界层外气体的密度不同,因此折射率也不同,利用折射率的差异可以观察边界层。

点光灯泡的光线从离模型几米远的地方射向模型,它以很小的入射角i射入边界层(图1-8)。如果光线不偏折,它应投到b点,但现在由于高温,空气折射率不同,光产生偏折,出射角r大于入射角。射出光线在离开边界层时再产生一些偏折后投射光到a点,在a点上,原来已经有背景的投射光加上偏折的折射光就显得特别明亮,无数亮点组成图形,反映了边界层的形状。此外,原投射位置(b点)因为得不到折射光线,所以显得较暗,形成暗区,这个暗区也是由边界折射现象引起的,因此也代表了边界层的形状。

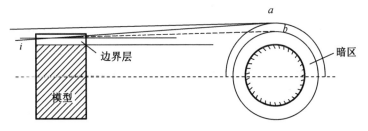

图 1-8　光线折射图

　　边界层仪可以清楚地表现出流体流经圆柱体的层流边界层形状(图 1-9)。圆柱底部由于气流动压的影响,此处的边界层最薄。愈往上部,边界层愈厚,最后产生边界层分离,形成旋涡。边界层仪还可呈现边界层的厚度随流体速度的增加而减小的现象。对模型吹气,就会看到迎风一侧边界层影像的外沿退到模型壁上,这表示边界层厚度减小了(图 1-10)。

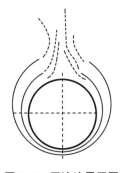

图 1-9　层流边界层图

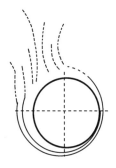

图 1-10　迎风一侧边界层图

第 2 章　工程热力学实验

2.1　CO_2 临界状态观测及 $p\text{-}v\text{-}T$ 关系测定

一、实验目的及要求

1. 了解 CO_2 临界状态的观测方法,增加对临界状态概念的感性认识。

2. 增加对工质热力状态、凝结、汽化、饱和状态等基本概念的理解。

3. 掌握 CO_2 的 p(压强)$\text{-}v$(比容)$\text{-}T$(温度)关系的测定方法,学会用实验测定实际气体状态变化规律的方法和技巧。

4. 学会活塞式压力计、恒温器等热工仪器的正确使用方法。

二、实验内容

1. 测定 CO_2 的 $p\text{-}v\text{-}T$ 关系。在 $p\text{-}v$ 坐标系中绘出低于临界温度($T_L = 20\ ℃$)、临界温度($T_c = 31.1\ ℃$)和高于临界温度($T_H = 50\ ℃$)的 3 条等温曲线,并与标准实验曲线及理论计算值相比较,分析其差异原因。CO_2 实验装置如图 2-1 所示。

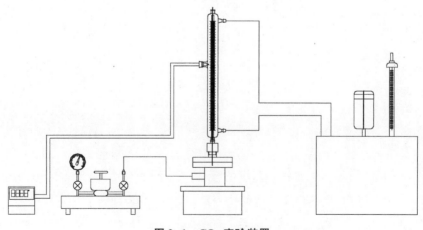

图 2-1　CO_2 实验装置

2. 测定 CO_2 在低于临界温度($T_L = 20\ ℃$、27 ℃)、饱和温度和饱和压力之间的对应关系,并与 $t_s\text{-}p_s$ 曲线比较。

3. 观测临界状态。

(1)临界状态附近气液两相模糊的现象。

(2)气、液整体相变现象。

(3)测定 CO_2 的 p_c、v_c、T_c 等临界参数,并将实验所得的 v_c 值与理想气体状态方程和范德瓦尔方程的理论值相比较,简述其差异原因。

CO_2 实验装置由压力台、恒温器和实验台本体及其防护罩等部分组成,如图 2-2 所示。

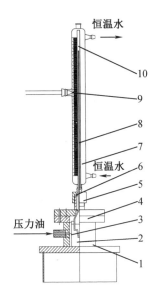

1—高压容器;2—玻璃杯;3—压力油室;4—水银;5—密封填料;6—填料压盖;
7—恒温水套;8—承压玻璃杯;9—热电偶;10—CO_2 空间。

图 2-2　CO_2 实验装置的组成

三、实验设备及原理

对于简单可压缩热力系统,当工质处于平衡状态时,其状态参数 p、v、T 之间的关系为

$$F(p,v,T)=0 \text{ 或 } t=f(p,v) \tag{2-1}$$

本实验就是根据式(2-1),并采用定温方法来测定 CO_2 的 $p-v-T$ 关系的。

实验中,由压力台送来的压力油进入高压容器和玻璃杯上半部,迫使水银进入预先装有 CO_2 气体的承压玻璃管,CO_2 被压缩,其压力和容器通过压力台上的活塞杆的进、退来调节。温度由恒温器供给的水套里的水温来调节。

实验工质 CO_2 的压力,由装在压力台上的压力表读出(如要提高精度,可由加在活塞转盘上的平衡砝码读出,并考虑水银柱高度的修正)。温度由插在恒温水套中的温度计读出。比容首先由承压玻璃管内 CO_2 柱的高度来测量,而后再根据承压玻璃管内径均匀、截面不变等条件换算得出。

四、实验方法及步骤

1. 按图 2-1 装好实验设备,并开启实验本体上的日光灯。

2. 恒温器准备及温度调节。

（1）把水注入恒温器内，注至离盖 30~50 mm。检查并接通电路，开动电动泵，使水循环对流。

（2）使用电接点温度计时，旋转电接点温度计顶端的帽形磁铁，调动凸轮示标，使凸轮上端面与所要调定的温度一致，再将帽形磁铁用横向螺钉锁紧，以防转动。使用电子控温装置时，按面板温度调节装置调整温度点。

（3）视水温情况，开、关加热器，当水温未达到要调定的温度时，恒温器指示灯是亮的，当指示灯时亮时灭闪动时，说明温度已达到所需的恒温。

（4）观察玻璃水套上的温度计，若其读数与恒温器上的温度计及电接点温度计标定的温度一致时（或基本一致），则可（近似）认为承压玻璃管内的 CO_2 的温度处于所标定的温度。

（5）当需要改变实验温度时，重复前述步骤（2）~（4）即可。

3. 加压前的准备。

由于压力台的油缸容量比容器容量小，需要多次从油杯里抽油，再向主容器充油，才能使压力表显示压力读数。压力台抽油、充油的操作过程非常重要，若操作失误，不但加不上压力，还会损坏实验设备，所以，务必认真掌握。其步骤如下。

（1）关闭压力表及其进入本体油路的两个阀门，开启压力台上油杯的进油阀。

（2）摇退压力台上的活塞螺杆，直至螺杆全部退出。这时，压力台油缸中抽满了油。

（3）先关闭油杯阀门，然后开启压力表和进入本体油路的两个阀门。

（4）摇进活塞螺杆，使本体充油。如此交复，直至压力表上有压力读数为止。

（5）再次检查油杯阀门是否关好，压力表及本体油路阀门是否开启。若均已调定后，即可进行实验。

4. 做好实验的原始记录。

（1）设备数据记录：仪器、仪表的名称、型号、规格、量程、精度。

（2）常规数据记录：室温、大气压、实验环境情况等。

（3）承压玻璃管内 CO_2 质量不便测量，而玻璃管内径或截面积（A）又不易测准，因而实验中采用间接办法来确定 CO_2 的比容，认为 CO_2 的比容 v 与其高度是一种线性关系。具体方法如下。

①已知 CO_2 液体在 20 ℃、9.8 MPa 时的比容：

$$v(20 ℃, 9.8 \text{ MPa}) = 0.001\,17 \text{ m}^3/\text{kg} \tag{2-2}$$

②实际测定实验台在 20 ℃、9.8 MPa 时的 CO_2 液柱高度 Δh_0（注意玻璃管水套上刻度的标记方法）。

$$v(20 ℃, 9.8 \text{ MPa}) = \frac{\Delta h_0 A}{m} = 0.001\,17 \text{ m}^3/\text{kg} \tag{2-3}$$

$$\frac{m}{A} = \frac{\Delta h_0}{0.001\,17} = K \text{ kg/m}^2 \tag{2-4}$$

式中　m——质量；

　　　K——玻璃管内 CO_2 的质面比常数。

所以,任意温度、压力下 CO_2 的比容为

$$v = \frac{\Delta hA}{m} = \frac{\Delta h}{K} \ \text{m}^3/\text{kg} \tag{2-5}$$

式中,$\Delta h = h - h_0$(h 为任意温度、压力下水银柱高度,m;h_0 为承压玻璃管内径顶端刻度,m)。

5. 测定低于临界温度 $T_L = 20$ ℃时的定温线。

(1)将恒温器调定在 $T = 20$ ℃,并保持恒温。

(2)压力从 4.41 MPa 开始,当玻璃管内水银柱升起来后,应缓慢地摇进活塞螺杆,以保证定温条件。否则,仪表来不及平衡,使读数不准。

(3)按照适当的压力间隔取 h 值,直至压力 $p = 9.8$ MPa。

(4)注意加压后 CO_2 的变化,特别要注意饱和压力和饱和温度之间的对应关系以及液化、汽化等现象。要将测得的实验数据及观察到的现象一并填入表 2-1 中。

表 2-1　CO_2 等温线实验记录表

$T_L = 20$ ℃				$T_c = 31.1$ ℃				$T_H = 50$ ℃			
p/MPa	Δh	$v = \Delta h/K$	现象	p/MPa	Δh	$v = \Delta h/K$	现象	p/MPa	Δh	$v = \Delta h/K$	现象
进行等温线实验所需时间/min											

(5)测定 $T = 25$ ℃、27 ℃时,其饱和温度和饱和压力的对应关系。

6. 测定临界参数,并观察临界现象。

(1)按上述方法和步骤测出临界等温线,并在该曲线的拐点处找出临界压力 P_c 和临界比容 v_c,并将数据填入表 2-1 中。

(2)观察临界现象。

①整体相变现象

由于在临界点时,汽化潜热等于零,饱和气线和饱和液线合于一点,所以这时气、液的相互转变不像临界温度以下时那样逐渐积累,需要一定的时间,表现为渐变过程,而是当压力稍在变化时,气、液是以突变的形式相互转化。

②气、液两相模糊不清的现象

处于临界点的 CO_2 具有共同参数 (p, v, T)，因而不能区别此时 CO_2 是气态还是液态。如果说它是气体，那么这个气体是接近液态的气体；如果说它是液体，那么这个液体又是接近气态的液体。下面用实验证明这个结论。因为这时处于临界温度下，如果按等温线过程进行，使 CO_2 压缩或膨胀，那么管内是什么也看不到的，因此按绝热过程来进行。首先在压力等于 7.64 MPa 附近，突然降压 CO_2，状态点由等温线沿绝热线降到液区，管内 CO_2 出现明显的液面。也就是说，如果这时管内的 CO_2 是气体，那么这种气体离液区很接近，可以说是接近液态的气体；当气体膨胀之后，突然压缩 CO_2 时，这个液面又立即消失了。这就说明，这时 CO_2 液体离气区也是非常接近的，可以说是接近气态的液体。因为此时的 CO_2 既接近气态，又接近液态，所以能处于临界点附近。可以这样说，临界状态究竟如何？就是饱和气、液分不清。这就是临界点附近，饱和气、液模糊不清的现象。

五、实验数据记录及处理

测定高于临界温度 $T_H = 50$ ℃时的等温线，将数据填入记录表 2-1 中。

1. 按表 2-1 的数据，在图 2-3 中画出 3 条等温线。

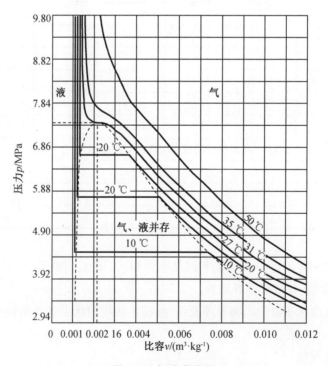

图 2-3　标准曲线图

2. 将实验测得的等温线与图 2-3 所示的标准等温线比较，并分析它们之间的差异及原因。

3. 将实验测得的饱和温度及压力的对应值与图 2-4 给出的 t_s-p_s 曲线相比较。

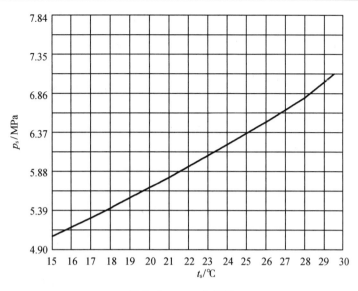

图 2-4　t_s-p_s 曲线图

4. 将实验测定的临界比容 v_c 与理论计算值一并填入表 2-2 中,并分析它们之间的差异及其原因。

表 2-2　实验记录表

临界比容 v_c:＿＿＿＿＿ m^3/kg。

标准值 v	实测值		计算值	
	v_c	p_c	$v_c = RT_c/p_c$	$v_c = 3RT_c/(8p_c)$
0.002 16				

注:R 为摩尔气体常数。

2.2 气体定压比热测定实验

一、实验目的及要求

1. 了解气体比热测定装置的基本原理和构思。
2. 熟悉本实验中的测温、测压、测热、测流量的方法。
3. 掌握由基本数据计算出比热值和求得比热公式的方法。
4. 分析本实验产生误差的原因及减小误差的可能途径。

二、实验装置

实验装置由风机、气体流量计、比热仪、功率表及 U 形压力计等部分组成(图 2-5)。

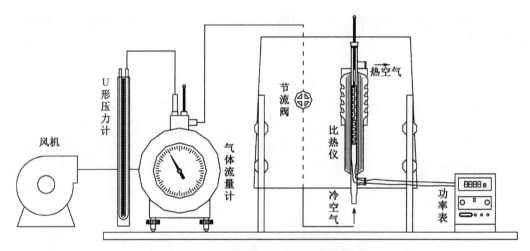

图 2-5 气体定压比热测定实验装置图

比热仪主体如图 2-6 所示。

实验时,被测气体(也可以是其他气体)由风机经流量计送入比热仪主体,经加热、均流、旋流、混流后流出。在此过程中,分别测定气体在流量计出口处的干、湿球温度(t_0、t_w),气体经比热仪主体的进、出口温度(t_1、t_2),气体的体积流量(q_v),电热器的输入功率(P),实验时相应的大气压力(B)和流量计出口处的表压(Δh)。有了这些数据,并查出相应的物理参数,即可计算出被测气体的定压比热(C_{pm})。

气体的流量由节流阀控制,气体出口温度由输入电热器的功率来调节。本比热仪可测 300 ℃ 以下的定压比热。

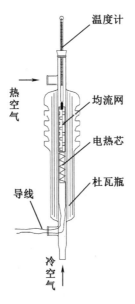

温度计

均流网

电热芯

杜瓦瓶

热空气

导线

冷空气

图 2-6　比热仪主体

三、实验方法及步骤

1. 接通电源及测量仪表,选择所需的出口温度计,插入混流网的凹槽中。

2. 摘下流量计上的温度计,开动风机,调节节流阀,使流量保持在额定值附近。测出流量计出口空气的干球温度(t_0)和湿球温度(t_w)。

3. 将温度计插回流量计,调节流量,使它保持在额定值附近。逐渐提高电热器功率,使出口温度升高至预计温度。

可以根据式(2-6)预先估计所需电功率:

$$P \approx \frac{12\Delta t}{\tau} \qquad (2\text{-}6)$$

式中　P——电热器输入电功率,W;

　　　Δt——进出口温度差,℃;

　　　τ——每流过 10 L 空气所需的时间,s。

4. 待出口温度稳定后(出口温度在 10 min 之内无变化或有微小起伏,即可视为稳定),读出下列数据:每 10 L 空气通过流量计所需的时间(τ,s);比热仪进口温度[即流量计的出口温度(t_1,℃)]和出口温度(t_2,℃);当时相应的大气压力(B,mmHg[①])和流量计出口处的表压(Δh,mmHg);电热器的输入功率(P,W)。

5. 根据流量计出口空气的干球温度和湿球温度,从湿空气的干湿图查出含湿量 d[g(水蒸气)/kg(干空气)],并根据下式计算出水蒸气的容积成分 r_w:

---

① 　1 mmHg = 13.595 mmH$_2$O = 133.322 4 Pa。

$$r_w = \frac{\dfrac{d}{622}}{1+\dfrac{d}{622}} \qquad (2-7)$$

式中 d——含湿量,g/kg。

（1）根据电热器消耗的电功率,算出电热器单位时间放出的热量 Q：

$$Q = \frac{P}{4.186\ 8\times10^3} \ \text{kJ/s} \qquad (2-8)$$

（2）干空气流量（质量流量）G_g 为

$$\begin{aligned}
G_g &= \frac{p_g V}{R_g T_0} \\
&= \frac{(1-t_w)\left(B+\dfrac{\Delta h}{13.6}\right)\times\left(\dfrac{10^4}{735.56}\right)\times\dfrac{10}{1\ 000\tau}}{29.27(t_0+273.15)} \\
&= \frac{4.644\ 7\times10^{-3}(1-t_w)\left(B+\dfrac{\Delta h}{13.6}\right)}{\tau(t_0+273.15)} \ \text{kg/s}
\end{aligned} \qquad (2-9)$$

式中 P_g——干空气压力,Pa;

V——干空气体积,m³;

R_g——干空气气体常数,J/(mol · K);

T_0——干空气温度,K。

（3）水蒸气流量 G_w 为

$$\begin{aligned}
G_w &= \frac{p_w V}{R_w T_0} \\
&= \frac{t_w\left(B+\dfrac{\Delta h}{13.6}\right)\times10^5}{73\ 556\times10^3\times47.06(t_0+273.15)} \\
&= \frac{2.888\ 9\times10^{-3}t_w\left(B+\dfrac{\Delta h}{13.6}\right)}{\tau(t_0+273.15)} \ \text{kg/s}
\end{aligned} \qquad (2-10)$$

式中 p_w——水蒸气压力,Pa;

R_w——水蒸气气体常数,J/(mol · K)。

（4）水蒸气吸收的热量 Q_w 为

$$\begin{aligned}
Q_w &= G_w\int_{t_1}^{t_2}(0.110\ 1 + 0.000\ 116\ 7t)\,dt \\
&= G_w\left[0.440\ 4(t_2 - t_1) + 0.000\ 058\ 35(t_2^2 - t_1^2)\right] \ \text{kJ/s}
\end{aligned} \qquad (2-11)$$

（5）干空气的定压比热 C_{pm} 为

$$C_{pm}\big|_{t_1}^{t_2} = \frac{Q_g}{G_g(t_2-t_1)} = \frac{Q-Q_w}{G_g(t_2-t_1)} \ \text{kJ/(kg · K)} \qquad (2-12)$$

式中　Q_g——干空气从温度 t_1 升到 t_2 所吸收的热量，W。

（6）计算举例。

某一稳定工况的实测参数如下。

$t_0 = 8.0$ ℃；$t_w = 7.5$ ℃；$B = 748.0$ mmHg；$t_1 = 8.0$ ℃；$t_2 = 240.3$ ℃；$\tau = 6.996$ s；$\Delta h = 16$ mmHg；$P = 41.84$ kW。

查干湿图得 $d = 6.3$［g（水蒸气）/kg（干空气）］（$\psi = 94\%$）。

$$r_w = \frac{\dfrac{d}{622}}{1 + \dfrac{d}{622}} = 0.010\ 027 \tag{2-13}$$

$$Q = \frac{P}{4.186\ 8 \times 10^3} = 9.993\ 8 \times 10^{-3}\ \text{kJ/s} \tag{2-14}$$

$$G_g = \frac{4.644\ 7 \times 10^{-3}(1 - 0.010\ 027) \times \left(748 + \dfrac{16}{13.6}\right)}{69.96 \times (8 + 273.15)} = 175.14 \times 10^{-6}\ \text{kg/s} \tag{2-15}$$

$$G_w = \frac{2.888\ 9 \times 10^{-3} \times 0.010\ 027 \times \left(748 + \dfrac{16}{13.6}\right)}{69.96(8 + 273.15)} = 1.103\ 3 \times 10^{-6}\ \text{kg/s} \tag{2-16}$$

$$Q_w = 1.103\ 3 \times 10^{-6} \times [0.440\ 4 \times (240.3 - 8) + 0.000\ 058\ 35(240.3^2 - 8^2)]$$
$$= 0.116\ 6 \times 10^{-3}\ \text{kJ/s} \tag{2-17}$$

$$C_{pm}\Big|_{t_1}^{t_2} = \frac{9.993\ 8 \times 10^{-3} - 0.116\ 6 \times 10^{-3}}{175.14 \times 10^{-6} \times (240.3 - 8)} = 0.242\ 8\ \text{kJ/(kg·K)} \tag{2-18}$$

（7）定压比热随温度的变化关系。

假定在 0~300 ℃，空气的真实定压比热与温度之间近似地有线性关系，则由 $t_1 \sim t_2$ 的平均比热为

$$C_{pm}\Big|_{t_1}^{t_2} = \frac{\int_{t_1}^{t_2}(a + bt)\,\mathrm{d}t}{t_2 - t_1} = a + b\,\frac{t_2 - t_1}{2} \tag{2-19}$$

因此，若以 $\dfrac{t_1 + t_2}{2}$ 为横坐标，$C_{pm}\Big|_{t_1}^{t_2}$ 为纵坐标（图 2-7），则可根据不同的温度范围内的平均比热确定截距 a 和斜率 b，从而得出定压比热随温度变化的计算式。

四、注意事项

1. 切勿在无气流通过的情况下使电热器投入工作，以免引起局部过热而损坏比热仪主体。

2. 输入电热器的电压不得超过 220 V，气体出口最高温度不得超过 300 ℃。

3. 加热或冷却要缓慢进行，防止温度计和比热仪主体因温度骤增或骤降而破裂。

4. 停止实验时，应切断电热器，让风机继续运行 15 min 左右（温度较低时该时间可适当缩短）。

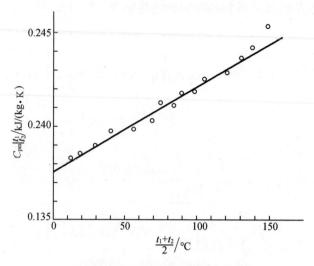

图 2-7　定压比热随温度变化规律图

第3章　传热学实验

3.1　热管换热器实验

一、实验目的及要求

1. 观察热管换热器的装置结构。
2. 了解热管换热器实验台的操作流程,并知道其换热量 Q 和传热系数 K 的计算方法。
3. 知道影响传热系数的因素和提高途径是什么。

二、实验装置

热管换热器实验台结构简图如图3-1所示。热管换热器实验台由热管换热器(整体轧制翅片管,工质为丙酮)、热段风道、冷段风道、冷段和热段风机、电加热器(600 W,1 200 W)、工况选择开关(低档和高档)、温度测量及显示系统、热球风速仪(独立仪表,图中未绘出)和支架等组成。

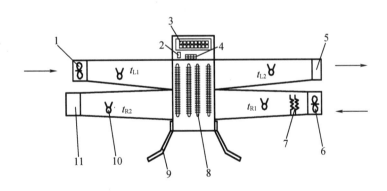

t_{L1}、t_{L2}—冷段出口空气温度;t_{R1}、t_{R2}—热段出口空气温度。

1—冷段风机;2—工况选择开关;3—温度显示仪表;4—温度测量选择开关;5—冷段出风口;
6—热段风机;7—电加热器;8—热管换热器;9—支架;10—测温元件;11—热段出风口。

图3-1　热管换热器实验台结构简图

实验原理:热段中的风机推动热段和冷段中的气流流动,热段的气流被电加热器加热,再由气流将热量带到热管换热器中;加热热管换热器的热段端,再由热管换热器将热量导入冷段端,加热其气流,使气流升温;只需要对热段和冷段的进出口温度进行测量,再对出风口风速进行测量,便可以计算出热管换热器的换热量 Q 及传热系数 K。

实验装置参数如下。

1. 冷段出风口面积 $F_L = 0.0045 \text{ m}^2$。

2. 热段出风口面积 $F_R = 0.0231 \text{ m}^2$。

3. 冷段传热表面积 $f_L = 0.246 \text{ m}^2$。

4. 热段传热表面积 $f_R = 0.313 \text{ m}^2$。

三、实验方法及步骤

1. 检查热电偶(测温元件)有无问题。

2. 接通电源(插上电源插头)。

3. 打开实验装置,将开关调节至"工况 I",此时的实验装置开始启动。

4. 用热球风速仪对热段和冷段的出风口进行测量,测量时的风道气流温度不可高于 40 ℃,所以必须在开机后且风速稳定后立即测量。

5. 等待 20 min,使得工况稳定,按下琴键开关,切换温度的测量点,并记录各点的温度 (t_{L1}、t_{L2}、t_{R1}、t_{R2})。

6. 记录完成后,将开关调节至"工况 II",并重复上述实验步骤,记录下工况 II 的各点温度。

7. 完成实验后关闭所有的电源。

四、实验数据记录及处理

将实验中测得的数据填入表 3-1 中。

表 3-1　热管换热器实验数据记录表

工况	序号	风速/$(\text{m} \cdot \text{s}^{-1})$		冷、热段进出口空气温度/℃				备注
		冷段 V_L	热段 V_R	t_{L1}	t_{L2}	t_{R1}	t_{R2}	
I	1							
	2							
	3							
	平均							
II	1							
	2							
	3							
	平均							

此外,要将实验所用仪器名称、规格、编号及实验日期等填入表 3-1 中的备注栏,以计算换热量、热平衡误差及传热系数。

工况 I :

$$\text{冷段换热量 } Q_L = 1\,005(\overline{V_L}F_L\rho_L)(t_{L2}-t_{L1}) \text{ W} \tag{3-1}$$

$$\text{热段换热量 } Q_R = 1\,005(\overline{V_R}F_R\rho_R)(t_{R1}-t_{R2}) \text{ W} \tag{3-2}$$

$$\text{平均换热量 } \overline{Q} = \frac{Q_R+Q_L}{2} \text{ W} \tag{3-3}$$

$$\text{热平衡误差 } \delta = \frac{Q_R-Q_L}{2} \times 100\% \tag{3-4}$$

$$\text{传热系数 } K = \frac{Q}{f_L\Delta t} \text{ W/(m}^2 \cdot \text{℃)} \tag{3-5}$$

$$\Delta t = \frac{(t_{R1}-t_{L2})+(t_{R2}-t_{L1})}{2} \text{ ℃} \tag{3-6}$$

式中　$\overline{V_L}$——冷段出口平均风速,m/s;

　　　$\overline{V_R}$——热段出口平均风速,m/s;

　　　ρ_L——冷段出口空气密度,kg/m^3;

　　　ρ_R——热段出口空气密度,kg/m^3;

　　　Δt——传热温度,℃。

工况 II :

计算方法同工况 I 。

将所求得的两种工况的实验结果填入表 3-2 中,并进行比较分析。

表 3-2　两种工况的实验数据记录表

工况	冷段换热量 Q_L/W	热段换热量 Q_R/W	热平衡误差 δ/%	传热系数 K/[W/(m^2 · ℃)]
I				
II				

3.2　换热器综合实验

一、实验目的及要求

1. 学习总传热系数及对流传热系数的计算和测定方法。
2. 熟悉对流换热系数的准则关联式。
3. 熟悉换热器性能的测试方法。
4. 了解各种换热器的结构特点及其性能的差别。
5. 加深对顺流和逆流两种流动方式换热器换热能力差别的认识。

注意事项如下。

(1) 热流体在热水箱中加热温度不得超过 80 ℃。

(2) 实验台使用前应加接地线，以保证安全。

(3) 长期不使用时，要将系统中的水全部放掉。

二、实验装置

换热器性能实验主要是测试目前使用较为广泛的间壁式换热器的 3 种换热性能，即套管式换热器、螺旋板式换热器和列管式换热器。实验装置简图如图 3-2 所示。

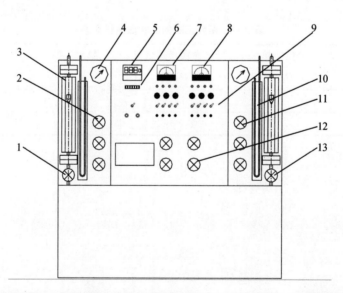

1—热水流量调节阀；2—热水螺旋板、套管、列管启闭阀门组；3—冷水流量计；4—换热器进口压力表；
5—数显温度计；6—琴键转换开关；7—电压表；8—电流表；9—开关组；10—冷水出口压力计；
11—冷水螺旋板、套管、列管启闭阀门组；12—逆、顺流转换阀门组；13—冷水流量调节阀。

图 3-2　实验装置简图

换热器性能实验主要是为测定换热器的总传热系数、对数传热温差和热平衡误差等，并就不同换热器、不同流动方式、不同工况的传热情况和性能进行比较与分析。

本实验装置采用冷水可用阀门换向进行顺流、逆流实验,工作原理如图 3-3 所示,换热形式为热水-冷水换热式。

本实验装置的热水加热采用电加热方式,冷-热流体的进、出口温度采用数显温度计测量,可以通过琴键开关来切换测点。实验装置参数如下。

1. 换热器换热面积 F。

(1)套管式换热器:0.45 m^2。

(2)螺旋板式换热器:0.65 m^2。

(3)列管式换热器:1.05 m^2。

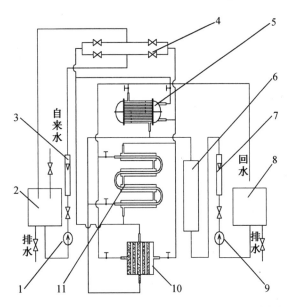

1—冷水泵;2—冷水箱;3—冷水浮子流量计;4—冷水顺逆流换向阀门组;5—列管式换热器;6—电加热水箱;
7—热水浮子流量计;8—回水箱;9—热水泵;10—螺旋板式换热器;11—套管式换热器。

图 3-3　换热器综合实验台原理图

2. 电加热器总功率:9.0 kW。

3. 冷、热水泵:允许工作温度为<80 ℃,额定流量为 3 m^3/h,扬程为 12 m,电机电压为 220 V,电机功率为 370 W。

4. 转子流量计:型号为 LZB-15,额定流量为 40~400 L/h,允许温度为 0~120 ℃。

三、实验方法及步骤

(一)实验预习要求

1. 会读出温度计压力表的读数与精度。

2. 掌握系统充水量与水泵运行的注意事项。

3. 掌握实验的数据预期与读取。

4. 熟悉各种形式换热器的主要特征及优缺点。

5. 掌握传热过程中各个热阻相对大小及影响因素。

(二)实验条件

1. 熟悉实验装置及仪表的工作原理和性能。

2. 打开所要实验的换热器阀门,关闭其他阀门。

3. 按顺流(或逆流)方式调整冷水换向阀门的开或关。

4. 向冷-热水箱充水,禁止水泵无水运行(热水泵启动,加热才能供电)。

(三)实验方法与步骤

1. 连接电源,启动热水泵(为了提高热水温度上升速度,先不启动冷水泵),并调整适当的流量。

2. 调节温度控制器,使热水温度控制在 80 ℃以下的规定温度。

3. 单独打开加热器开关(热水泵开关和加热开关已连锁,热水泵启动,加热电源便启动)。

4. 为了观察和检查热交换器中冷、热流体的入口与出口温度,需使用数显温度计和温度测量点选择键开关按钮。在冷、热流体的温度基本稳定后,可以测量相应温度测量点的温度值,并读出转子流量计的冷-热流体的流量读数,测试结果可以记录在实验数据记录表中。

5. 如果需要改变实验的流向(正向或反向),或绘制热交换器的传热性能曲线并改变工作条件(如改变流速或流量),或重复实验,都要重新安排实验并记录实验数据。

6. 实验结束后,关闭电加热器开关,5 min 后切断所有电源。

四、实验数据记录及处理

(一)数据计算

$$\text{热流体放热量 } Q_1 = C_{p1} m_1 (T_1 - T_2) \text{ W} \tag{3-7}$$

$$C_{p1} = \frac{\pi}{4} \cdot 0.011^2 \cdot 0.98 \cdot \sqrt{2\rho \cdot \Delta p} \text{ J/(kg·K)} \tag{3-8}$$

$$\text{冷流体吸热量 } Q_2 = C_{p2} m_2 (t_1 - t_2) \text{ W} \tag{3-9}$$

$$C_{p2} = \frac{\pi}{4} \cdot 0.011^2 \cdot 0.98 \cdot \sqrt{2\rho \cdot \Delta p} \text{ J/(kg·K)} \tag{3-10}$$

$$\text{平均换热量 } Q = \frac{Q_1 + Q_2}{2} \text{ W} \tag{3-11}$$

$$\text{热平衡误差 } \Delta = \frac{Q_1 - Q_2}{Q} \cdot 100\% \tag{3-12}$$

$$\text{对数传热温差 } \Delta_1 = \frac{\Delta T_2 - \Delta T_1}{\ln(\Delta T_2 / \Delta T_1)} = \frac{\Delta T_1 - \Delta T_2}{\ln(\Delta T_1 / \Delta T_2)} \text{ ℃} \tag{3-13}$$

$$\text{传热系数 } K = \frac{Q}{F\Delta_1} \text{ W/(m}^2 \cdot \text{℃)} \tag{3-14}$$

式中 ρ ——热流体密度;

Δp——热流体 T_1 时的压力减去 T_2 时的压力；

C_{p1}、C_{p2}——热、冷流体的定压比热，J/(kg·K)；

m_1、m_2——热、冷流体的质量流量，kg/s；

T_1(通道1)、T_2(通道2)——热流体的进、出口温度，℃；

t_1(通道3)、t_2(通道4)——冷流体的进、出口温度，℃；

ΔT_1——T_1-t_2，℃；

ΔT_2——T_2-t_1，℃；

F——换热器的换热面积，m²。

注：热、冷流体的质量流量 m_1、m_2 是根据修正后的流量计体积流量读数 V_1、V_2 换算成的质量流量值。

(二)实验数据记录及比较处理

1.换热器性能实验数据记录表见表3-3。

表3-3 换热器性能实验数据记录表

换热器名称：_____；环境温度 $t_0=$_____℃。

顺/逆流	热流体			冷流体		
	进口温度 T_1/℃	出口温度 T_2/℃	流量计读数 V_1/(L/h)	进口温度 t_1/℃	出口温度 t_2/℃	流量计读数 V_2/(L/h)
顺流						
逆流						

2.绘制传热性能曲线，并做比较。

(1)绘制以传热系数为纵坐标、冷水(热水)流速(流量)为横坐标的传热性能曲线图。

(2)将3种不同种类的换热器性能进行对比。

3.3 对流传热实验

一、实验目的及要求

1. 学习总传热系数及对流传热系数的测定方法。
2. 利用测定的对流热传系数和对传热准数关联式。
3. 应用传热学的概念和理念去分析强化热传过程等问题。

二、实验装置

本实验装置是由两条套管换热器组成,其中一条内管是光滑管,另一条内管是螺旋槽管,如图 3-4 所示(图中只画出一条套管,另一条管的流程与前者完全相同)。空气由风机输送,经 1/4 圆喷嘴流量计、风量调节阀,再经套管换热器内管后,排向大气。蒸汽由锅炉供应,经蒸汽控制阀进入套管换热器环隙空间,不凝性气体由放气旋塞排出,冷凝水由疏水器排除。

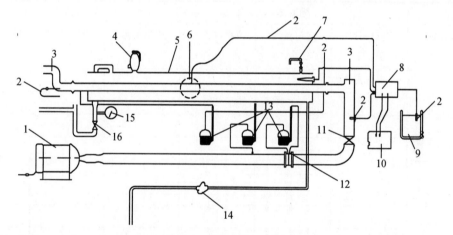

1—风机;2—热电偶;3—温度计;4—安全阀;5—蒸汽套管;6—视镜;7—放气旋塞;8—热电偶转换开关;
9—冰瓶;10—电位计;11—调节阀;12—流量计;13—压力计;14—疏水器;15—压力表;16—蒸汽阀。

图 3-4 对流传热实验装置

三、实验方法及步骤

1. 先给蒸汽发生器的水箱加水,直到加水装置的水位不下降为止,实验中应及时加水,保证加水装置内始终都维持在一定的水位。

(1)每天第一次运行前必须将蒸汽阀门打开,然后打开排污阀门,使炉内的水及污物完全排尽。

(2)检查水箱,以保证水箱内无杂物,否则将损坏水泵或卡死止回阀。

(3)关闭排污阀,蒸汽阀门仍开启,开启蒸汽发生器的电源开关,此时发出缺水报警,水泵运转对蒸发器补水,直至炉内水位高于低水位时停止报警,达到高水位时水泵停止补水。

（4）蒸汽发生器每天至少排污一次,每天工作完毕后,应在断电 15 min 后进行排污（否则会烧坏电热管）,排污时应注意安全,防止烫伤。

（5）蒸汽发生器所需用水规定为软水或蒸馏水。

（6）电控箱、水泵电机等部位应避免受潮进水,以防烧毁。

2. 关闭风机出口的旁路阀、蒸汽发生器上面的排污阀、放汽阀,开放空阀、空气流量调节阀、蒸汽流量调节阀和蒸汽发生器上面的进水阀。

3. 开启仪表柜上的电源总开关、无纸记录仪电源开关和蒸汽发生器电源开关,再开启蒸汽发生器上的电源开关,此时蒸汽发生器将进入自动工作状态。

4. 打开计算机,调整计算机分辨率在 1 024×768,运行上位机监控工程软件,进入传热系数测定实验流程示意图界面。在该界面上可监视蒸汽温度、空气进出口温度、换热管进出口侧的管壁温度、孔板流量计的压差和空气压力等过程变量值。

5. 当蒸汽发生器有蒸汽产生时（此时可看到在实验装置的放空口处有蒸汽流出）,通道 5,7 达到 90 ℃,开启仪表柜上的风机开关。

6. 在第一个空气流量下,实验装置应持续稳定运行 30 min 以上才可认为其传热已达到稳定,此时,点击计算机操作界面上的"采集数据"按钮,可把该空气流量下的所有实验数据（分别是孔板两侧的压差、管内空气的压力、蒸汽温度、空气进出口温度和换热管两端的管壁温度）记录到计算机操作界面右侧的原始数据记录表中。

7. 慢慢开大旁路阀的开度,此时空气流量相应减小。空气流量可根据孔板两侧的压差来反映。一般孔板两侧的压差以每次减小 0.5 kPa 左右为宜。从第二个空气流量开始,传热稳定就比较快,一般只要稳定运行 10 min 即可认为传热已达稳定。随后点击"采集数据"按钮就可进行数据采集。

8. 当旁路阀全开后,要减小空气流量就只能通过空气流量调节阀来调节。实验过程中,最大的空气流量所对应的孔板两侧的压差不能高于 3.5 kPa,最小不能低于 0.5 kPa。因压差读数过大或过小,其相对误差均会较大,从而影响实验精度。

四、实验数据记录及处理

1. 将测定数据记入表 3-4 中。

表 3-4　对流传热实验记录表

温度计的管型:_____;进口:_____;出口:_____。

室温:_____℃;实验日期:_____。

大气压强:_____Pa;加热蒸汽压强:_____MPa（表）;蒸汽温度:_____℃。

序号	计前表压 R_p/mmHg 或 Pa	管子压表 Δp /mmH$_2$O 或 Pa	流量计示值 R/mmH$_2$O 或 Pa	热电偶示值（示值×倍率）/mV				温度计算值/℃			备注
				蒸汽	壁温	进口	出口	蒸汽	进口	出口	
1											
2											
3											

2. 由表 3-4 数据计算整理汇总在表 3-5 中。

表 3-5　数据整理结果表

序号	蒸汽温度 $T/℃$	壁温 $t/℃$	进口温度 $t_进/℃$	出口温度 $t_出/℃$	对数平均温差 $\Delta t_m/℃$	定性温度 $t_定性/℃$	空气在定性温度下的黏度 $\mu/[(N \cdot s) \cdot m^{-2}]$	ρ	质量流量 $V_s \cdot \rho$ $/(kg \cdot h^{-1})$	Re	流体导热系数 λ $/[W \cdot (m \cdot ℃)^{-1}]$	努塞尔数 Nu	Nu 计	δ
1														
2														
3														
4														
5														
6														
7														
8														
9														

注:表中 Nu 计按通用关联式(即 $Nu = 0.019\,9Re^{0.6}$)计算所得值。

3. 在双对数坐标纸上标绘光滑管和螺旋槽管的 $Nu-Re$ 的关系曲线。

4. 将实验结果整理成关系式。

无相变时,流体在圆形直筒内对做强制湍流时,对流传热系数的变化规律可以用以下关联式表示:

$$Nu = ARe^m Pr^n \tag{3-15}$$

式中　Nu——努塞尔数,属于无因次数;

　　　A——换热面积,m^2;

　　　Pr——普朗特数,属于无因次数;

　　　m——特定的指数;

　　　n——视热流体方向而异,当流体被加热时 $n = 0.4$;被冷却时 $n = 0.3$。

$$Nu = \frac{\alpha d}{\lambda} \tag{3-16}$$

式中　α——对流传热系数,$W/(m^2 \cdot ℃)$;

　　　λ——流体的导热系数,$W/(m \cdot ℃)$;

　　　d——管子直径,m。

$$Pr = \frac{C_p \mu}{\lambda} \tag{3-17}$$

式中　C_p——液体的定压比热,$kJ/(kg \cdot K)$;

　　　μ——空气在定性温度下的黏度,$N \cdot s/m^2$。

对于一定种类的气体,在很宽的温度和压力变化范围内,Pr 值变化很小。例如,对于空气,当温度在 50~70 ℃时,$Pr = 0.698 ~ 0.694$,可取近似值为 $Pr = 0.7$,于是式(3-15)写成

$$Nu = ARe^m (0.7)^{0.4} = A'Re^m \tag{3-18}$$

取对数:

$$\lg Nu = m\lg Re + \lg A' \tag{3-19}$$

由式(3-19)可知,根据实验数据 Nu-Re 关系标绘在双对数坐标纸上,便可以求出 m 及 A 的值数,准数关联式便可确定。

5. 传热速率方程:

$$Q = KS\Delta t_m \tag{3-20}$$

式中　Q——热传速率,W;

　　　S——热传面积,m²;

　　　Δt_m——平均温度差,℃;

　　　K——总传热系数,W/(m²·℃)。

当管壁很薄时,可近似当成平壁处理,且由于管壁材料为黄铜,导热系数大,故可以忽略热传导热阻,于是

$$\frac{1}{K} = \frac{1}{\alpha_i} + \frac{1}{\alpha_0} \tag{3-21}$$

式中　α_i、α_0——管内外的对流传热系数。

本实验采用套管换热器,利用蒸汽冷凝放热加热空气,蒸汽走套管环隙,α_0 约为 $2×10^4$ W/(m²·℃),空气走管内,$\alpha_i \leqslant \alpha_0$,因此 $K = \alpha_i$。

6. 空气通过换热器所需的热负荷 Q 用下式计算:

$$Q = V_s C_p (t_{出} - t_{送}) \tag{3-22}$$

式中　V_s——空气流量,m³/s;

　　　$t_{出}$、$t_{送}$——空气通过换热器进、出口温度,℃。

联立式(3-20)、式(3-22)得

$$K = \frac{V_s \rho C_p (t_{出} - t_{进})}{S\Delta t_m} \tag{3-23}$$

$$\Delta t_m = \frac{(T - t_{进}) - (T - t_{出})}{\ln \dfrac{T - t_{进}}{T - t_{出}}} \tag{3-24}$$

式中　T——蒸汽的温度,℃。

因蒸汽温度接近壁温,也可以用壁温计算。又由于热阻主要集中在空气侧,传热面积 S 取管子内表面积较为合理。

$$S = \pi dl \tag{3-25}$$

式中　d——管子内径,取 0.001 78 m;

　　　l——管子长度,取 1.324 m。

7. 空气密度,可按理想气体处理。

$$\rho = 1.293 \frac{p_a + R_p}{760} \cdot \frac{273}{273 + t} \tag{3-26}$$

式中　p_a——当地大气压强,mmHg(或 Pa);

　　　R_p——流量计前端空气表压,mmHg(或 Pa);

　　　t——流量计前空气的温度,℃。

可取 $t = t_{选}$,测

$$V_s = C' \sqrt{\frac{R}{\rho}} \tag{3-27}$$

式中　C'——流量系数,查产品说明书,取 0.001 233。

8. Nu 及 Re 的计算:

$$Nu = \frac{ad}{\lambda} = \frac{Kd}{\lambda} = \frac{dV_s \rho C_p (t_{出} - t_{进})}{\lambda S \Delta t_m} \tag{3-28}$$

$$Re = \frac{du}{\mu} = 1.273 \frac{VS\rho}{d\mu} \tag{3-29}$$

式中　u——流速,m/s。

$$t_{定性} = \frac{t_{出} + t_{进}}{2} \tag{3-30}$$

λ、C_p 均应按定性温度确定值。

9. 螺旋槽管使用与光滑管相同的材料,通过在管外壁轧制螺旋槽纹而制成。由于凸槽表面起了增大粗糙度的作用且提高了管内湍流程度,螺旋槽对近壁处流体运动的限制使流体做螺旋运动,又使流体与壁面间的相对运动速度增加,减薄层、流底层和传热边界层使传热强化。

五、思考题

1. 根据实测数据分析讨论螺旋槽管换热器强化传热的机理。

2. 根据传热速率方程式,试提出强化传热的其他方案,并说明理由。

3. 要提高数据的准确度,在实验操作中要注意哪些问题,为什么?

3.4　水-水换热器传热系数测定

一、实验目的及要求

1. 初步了解水-水换热实验装置的基本结构和操作原理。

2. 掌握水-水换热器传热系数 K 的测定方法。

3. 了解影响实验结果准确性的原因以及可能存在的问题。

注意事项如下。

冬季设备存放地点如结冰,需将水箱及压差计中的水全部放净,以免设备冻坏。

二、实验装置

本装置采用冷水(自来水)与热水(循环水)体系进行对流换热。热流体由水泵经过玻璃转子流量计进入加热管预热,温度测定后进入列管换热器管内,出口也经温度测定后直接排出。冷流体吸入经孔板流量计测量后,由温度计测定其进口温度,并由闸阀选择逆流或顺流传热形式。冷流体的流量通过变频器调节。

水-水换热器总传系数测定装置由列管换热器、热水循环和测量系统以及冷水控制与测量系统等组成(图3-5)。

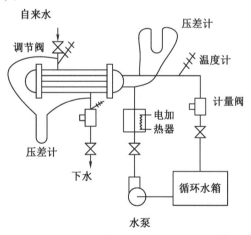

图3-5　水-水换热器总传系数测定装置简图

实验系统整体组装,底部装有轮子,移动方便,用户接通电源和上、下水即可工作。

实验装置参数如下。

1. 换热形式:热水-冷水换热。

2. 换热面积(F)。

(1)列管换热器:1.05 m^2。

(2)套管换热器:0.45 m^2。

3. 电加热器总功率(名义):7.5 kW。

三、实验方法及步骤

(一)设备安装

1. 接通电源(380 V、四线、50 Hz)及上、下水(均可用胶管连接)。

2. 安装温度计,其安装方法如图 3-6 所示。

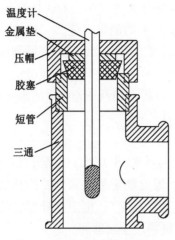

图 3-6　温度计安装示意图

3. 将循环水箱充满水(循环水箱与溢流水箱之间的间隔板比箱体低 50 mm,水箱满后可溢流)。

(二)工况调节

打开电源开关,开启循环水泵,观察水循环正常后全开电加热器,待热水温度达到实验温度时(一般为 60~80 ℃),打开冷水开关,并使冷水经换热器换热后由溢流水箱流出。

视所需实验工况,并考虑电加热器加热能力,适当调节热水、冷水流量和电加热器功率,待工况稳定后即可进行实验。

(三)实验方法

1. 热水、冷水进出口温度和精度不低于 1/5 ℃水银温度计测量。

2. 热水、冷水流量用计量筒配秒表(用户自备)测量。

3. 热水、冷水在换热器内流通阻力由单管水银压差计测量(读值时要考虑接管高度的水头影响)。

4. 为提高实验的准确性,可每隔 5~10 min 读取一次数据,取 4 次数据的平均值作为测定结果。

5. 实验结束后首先关闭电热器,5 min 后关闭循环水泵及冷水开关,最后切断电源。

四、实验数据记录及处理

热水测放热量:

$$Q_1 = C_P G_R (T_1 - T_2) \text{ W} \tag{3-31}$$

式中　G_R——热水的流量,kg/s;

　　　C_p——冷、热水的定压比热,J/(kg·K);

　　　T_1、T_2——热水的进出口温度,℃。

冷水侧吸热量:

$$Q_2 = C_P G_L (t_2 - t_1)\ \text{W} \tag{3-32}$$

式中　G_L——冷水的流量,kg/s;

　　　t_1、t_2——冷水的进出口温度,℃。

平均换热量:

$$Q = \frac{Q_1 + Q_2}{2}\ \text{W} \tag{3-33}$$

热平衡误差:

$$\Delta = \frac{Q_1 - Q_2}{2} \cdot 100\% \tag{3-34}$$

传热系数:

$$K = \frac{Q}{F \Delta t}\ \text{W}/(\text{m}^2 \cdot \text{℃}) \tag{3-35}$$

式中　F——换热器换热面积,m^2;

　　　Δt——对数平均传热温度,℃。

将上面计算出的数据记录到表 3-6、表 3-7 中,并分析影响传热系数的因素。

表 3-6　传热系数测定实验数据记录表——顺流

冷水流量 G_L /(kg·s⁻¹)	冷水流量 G_R /(kg·s⁻¹)	热水出口温度 T_2/℃	热水入口温度 T_1/℃	冷水出口温度 t_2/℃	冷水入口温度 t_1/℃	对数平均传热温度 Δt/℃	冷水侧放热量 Q_2/W	热水侧放热量 Q_1/W	热平衡误差 Δ/W	传热系数 K /[W/(m²·℃)]

表 3-7　传热系数测定实验数据记录表——逆流

冷水流量 G_L /(kg·s⁻¹)	冷水流量 G_R /(kg·s⁻¹)	热水出口温度 T_2/℃	热水入口温度 T_1/℃	冷水出口温度 t_2/℃	冷水入口温度 t_1/℃	对数平均传热温度 Δt/℃	冷水侧放热量 Q_2/W	热水侧放热量 Q_1/W	热平衡误差 Δ/W	传热系数 K /[W/(m²·℃)]

3.5 固体表面黑度的测定

一、实验目的及要求

1. 巩固辐射换热的理论。
2. 掌握一种测定固体表面黑度的方法。

二、实验装置

固体表面黑度测定实验装置图如图 3-7 所示。

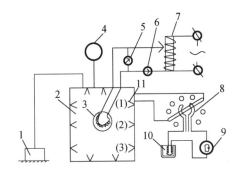

1—圆钢罐；2—黑体；3—真空泵；4—真空表；5—电流表；6—电压表；7—调压器；

8—电位差计；9—转换开关；10—冷点保温瓶；11—热电偶。

图 3-7 固体表面黑度测定实验装置图

一个直径 $d_1 = 90$ mm、表面有氧化层的黄铜空心球（即待测定黑度的试件），吊在一个直径 $d_2 = 500$ mm、高 500 mm 的钢质圆罐内（即密封空腔）。由于 $\dfrac{A_1}{A_2} = 0.0192 \approx 0$（$A_1$ 为物体 1 的外表面积，A_2 为物体 2 的外表面积）（钢圆罐的表面是未经磨光的钢板面，其黑度 ε_2 较大），因而满足按式（3-36）求解所需的条件。

黄铜空心球内装有电热器，电热器发出的热经由球的表面辐射到圆罐内表面，再经圆罐外壁散失到大气中。为使电热器发出的热全部辐射到圆罐上，圆罐内要保持高度真空。本实验中，圆罐与真空泵连接，当罐内真空度达到 730 mm 水银柱以上时，黄铜空心球表面对罐内空气的对流换热量很小，可以忽略不计。这时电热器产生的热，即为黄铜空心球与圆罐辐射换热的热量，测量电热器的电功率，可以计算出这个热量。电热器与电源间装有自耦变压器，用来调节电热器的发热量。

在黄铜空心球的表面，装有两对热电偶，测量球面的平均温度 t_1。圆罐的外表面装有 8～9 对热电偶，测得其表面的平均温度 t_2。

三、实验方法及步骤

1. 检查实验设备的电路、气路和各种测量仪表的连接是否正确，了解各种仪表的使用方法和读数方法。

2. 启动实验设备。先开真空气泵抽气,接上电热器的电源,调整变压器的电压约为 110 V、电流约为 1.5 A,为了节省时间,在实验前,实验室已预先对设备进行抽真空加热。

3. 当圆罐内真空度达到 730 mm 以上后,20 min 后,用电位差计测量黄铜空心球的一点和圆罐上一点的温度,每隔 3 min 测量一次,当连续两次测出的温度相差不超过 1 ℃时,可以认为系统处于稳定状态。

4. 当系统处于稳定状态后,测量所有点的温度和加热器的电功率,并重复两次取其平均值作为实验数据。

5. 将实验数据进行初步分析和整理,填入实验报告的记录表中,经指导人员同意,切断电源,停止真空泵运行,清理实验现场,实验结束。

四、实验数据记录及处理

密闭空间内两物体间的辐射换热如图 3-8 所示。

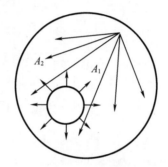

图 3-8　密闭空间内两物体间的辐射换热

1. 按传热原理,两物体间在密闭空间内的辐射换热量为

$$Q = \frac{\sigma_b \left[\left(\dfrac{T_1}{100} \right)^4 - \left(\dfrac{T_2}{100} \right)^4 \right] A_1}{\dfrac{1}{\varepsilon_1} + \dfrac{A_1}{A_2} \left(\dfrac{1}{\varepsilon_2} - 1 \right)} \text{ W} \tag{3-36}$$

式中　A_1、A_2——物体 1、物体 2 的外表面积,m^2;

T_1、T_2——物体 1、物体 2 的绝对温度,K;

ε_1、ε_2——物体 1、物体 2 的黑度;

σ_b——黑体辐射系数,取 5.67 W/($m^2 \cdot K^4$)。

如果 $A_2 \gg A_1$,即 $\dfrac{A_1}{A_2} \to 0$,则式(3-36)可简化为

$$Q_{12} = \varepsilon_1 \sigma_b \left[\left(\frac{T_1}{100} \right)^4 - \left(\frac{T_2}{100} \right)^4 \right] A \text{ W} \tag{3-37}$$

$$\varepsilon_1 = \frac{Q_{12}}{A \sigma_b \left[\left(\dfrac{T_1}{100} \right)^4 - \left(\dfrac{T_2}{100} \right)^4 \right]} \tag{3-38}$$

测出 Q_{12}、A_1、T_1 及 T_2 便可求出物体 1 的表面黑度 ε_1。

用式(3-39)可计算黑度：

$$\varepsilon_1 = \frac{UI}{\pi \times (0.09)^2 \times 5.67 \left[\left(\frac{t_1+273}{100} \right)^4 - \left(\frac{t_2+273}{100} \right)^4 \right]} \tag{3-39}$$

式中　I——电热器的电流，A；

　　　U——电热器的电压，V；

　　　t_1、t_2——黄铜空心球、圆罐的表面温度，℃。

2. 将实验结果记录在表 3-8 中。

表 3-8　固体表面黑度的测定实验数据记录表

电流 =_____ A；电压 =_____ V。

试件外径			试件材料						圆罐内径		
T_1 热电势/mV			T_2 热电势/mV								
工况	1	2	平均	1	2	3	4	5	6	7	8	9	平均
I												
II												
温度	温度 t_1 =			温度 t_2 =								

五、思考题

1. 圆罐和黄铜空心球能否用形状不规则或表面有凹陷的物体来代替？

2. 对本实验提出自己的看法和意见。

第4章 制冷原理与设备实验

4.1 制冷原理系统的认识及性能实验

一、实验目的及要求

1.熟悉与掌握制冷系统的循环,压缩机、蒸发器、冷凝器、节流机构的工作原理与作用。
2.熟悉蒸发器与冷凝器的停启过程中压力变化规律。
3.熟悉各种换热器的结构及特点。
4.掌握制冷系统理论循环的热力计算。

二、实验装置

如图4-1所示,压缩机、冷凝器、蒸发器、节流阀构成制冷系统,蒸发器、冷凝器均为水冷式,制冷系统工况通过加热器调节蒸发器进、出水水温,通过阀门调节进、出蒸发器和冷凝器水的流量;制冷量为蒸发器进、出水带走的热量,通过测量冷凝器进、出水带走的热量来校核实验。

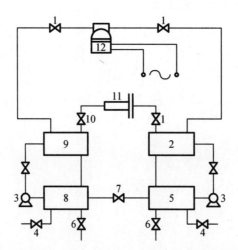

1—截止阀;2—冷凝器;3—水泵;4—进水管;5—冷凝器循环水箱;6—排水管;7—水箱连通阀;
8—蒸发器循环水箱;9—蒸发器;10—节流阀;11—干燥过滤器;12—压缩机。

图4-1 制冷系统实验装置示意图

三、实验方法及步骤

1. 观察各种换热器的结构,熟悉各种换热器的工作原理及结构特点,了解传热管形式及强化传热的方法。

2. 观察制冷系统演示装置,熟悉制冷系统四大件的作用。

3. 观察冰箱制冷系统演示装置。在接通电源后,通过观察压力的变化过程了解冷凝压力与蒸发压力的变化过程。当运行稳定后记录蒸发压力、冷凝压力,测量并记录环境温度、压缩机进排气管壁温度、毛细管入口管壁温度。

四、实验报告内容

1. 画出冰箱制冷的循环流程图。
2. 简述冰箱系统的启动运行工作过程和停机后蒸发器冷凝的压力变化。
3. 根据测试记录的数据,按理论循环进行热力计算。
4. 简述各种换热器的结构特点与工作原理。

4.2　制冷压缩机性能实验

一、实验目的及要求

1. 加深了解制冷循环系统组成。
2. 掌握制冷机性能测定的方法。
3. 了解蒸发温度、冷凝温度与制冷量的关系。
4. 了解制冷机运行参数及其相互间的影响。

二、实验装置

　　实验采用教学用制冷压缩机性能实验台，实验台采用全封闭式制冷压缩机，蒸发器和冷凝器均采用水换热器。压缩机的功率通过输入电功率来测算。实验台的主实验为液体载冷剂法，辅助实验为水冷凝热平衡法。实验台的制冷循环系统简图如图4-2所示，水循环系统简图如图4-3所示。各测温点均用铜电阻温度计测量。

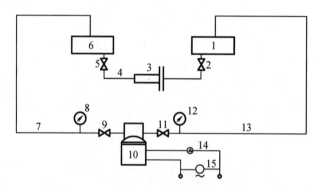

1—冷凝器；2—截止阀；3—干燥过滤器；4—管内过冷温度；5—节流阀；6—蒸发器；7—管内吸气温度；8—吸气压力表；9—吸气阀；10—压缩机；11—排气阀；12—排气压力表；13—管内排气温度；14—电流表；15—电压表。

图4-2　制冷循环系统简图

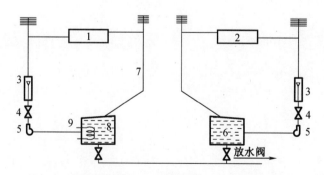

1—蒸发器；2—冷凝器；3—流量计；4—水泵；5—阀门；6—冷凝器水箱；7—出水管(可转动)；8—蒸发器水箱；9—加热器。

图4-3　水循环系统简图

三、实验方法及步骤

(一)实验前准备

1. 预习实验指导书和安装使用说明书,详细了解实验台各部分的作用,掌握制冷系统的操作规程和制冷工况的调节方法,熟悉各测试仪表的安装使用方法。

2. 按安装使用说明书规定方法启动水循环系统和制冷循环系统。

3. 按指导老师要求并参考安装使用说明书介绍的方法调节实验工况。

(二)进行测试

1. 待工况调定后,即可开始测试,测定该工况下的蒸发(吸气)压力、冷凝(排气)压力、吸气温度、排气温度、蒸发器和冷凝器的进出水温度及他们的流量、压缩机的输入电功率等参数。

2. 为提高测试的准确性,可每隔 10 min 测读一次数据,取其 3 次的平均值作为测试结果(3 次记录的数据应均在稳定工况要求范围内)。

3. 改变工况,在要求的新工况下重复上述实验,获得一组新的测试结果。

4. 要求全部实验结束后,按使用说明书规定方法停止系统工作。

四、实验数据记录及处理

取 3 次读数的平均值作为计算数据。

1. 压缩机的制冷量:

$$Q_1 = P \cdot \frac{i_1 - i_2}{i_3 - i_4} \cdot \frac{v_1'}{v_1} \text{ kW} \tag{4-1}$$

式中　P——供给电器热量,W;

　　　i_1——在规定吸气温度、吸气压力下制冷剂蒸汽的焓值,kJ/kg;

　　　i_2——在规定过冷温度下、节流阀前液体制冷剂的焓值,kJ/kg;

　　　i_3——在实验条件下,离开蒸发器的制冷剂的焓值,kJ/kg;

　　　i_4——在实验条件下,节流阀前液体制冷剂的焓值,kJ/kg;

　　　v_1'——在压缩机实际吸气温度、吸气压力下制冷剂蒸汽的比容,m³/kg;

　　　v_1——在压缩机规定吸气温度、吸气压力下制冷剂蒸汽的比容,m³/kg。

2. 压缩机的轴功率:

$$N = IV\eta \text{ kW} \tag{4-2}$$

式中　I、V——封闭压缩机的输入电流和输出电压(或输入功率);

　　　η——压缩机的效率,取 0.75。

3. 制冷系数:

$$\varepsilon = \frac{Q}{N} \tag{4-3}$$

4. 冷凝器换热量:

$$Q_2 = G_L C_P (T_1 - T_2) \text{ kW} \tag{4-4}$$

式中　G_L——冷凝器水的流量,kg/s;

　　　T_1、T_2——冷凝水的进、出口温度, ℃;

　　　C_P——水的定压比热,kJ/(kg·K)。

5.热平衡误差:

$$\xi = \frac{Q_1-(Q_2-N)}{Q_1}\times 100\%\qquad\qquad(4-5)$$

电器电路控制图如图 4-4 所示,电器系统原理图如图 4-5 所示。

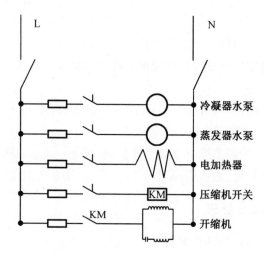

KM—交流接触器;L—火线;N—零线。

图 4-4　电器电路控制图

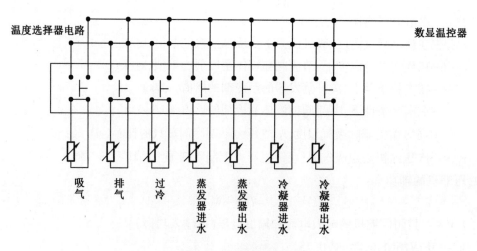

图 4-5　电器系统原理图

分析实验结果,讨论影响制冷机性能的因素,并将实验数据记录在表 4-1 中,实验数据整理结果填写在表 4-2 中。

表 4-1　制冷机性能测试数据记录表

班级:_____;姓名:_____;实验日期:_____。

测试参数	单位	1	2	3	平均
吸气压力	MPa				
排气压力	MPa				
冷凝器进口压力	MPa				
冷凝器出口压力	MPa				
节流前压力	MPa				
蒸发器出口压力	MPa				
吸气温度	℃				
排气温度	℃				
冷凝器进口温度	℃				
冷凝器出口温度	℃				
节流前温度	℃				
蒸发器出口温度	℃				
冷却水出口温度	℃				
冷却水进口温度	℃				
冷却水流量	kg/s				
冷冻水流量	kg/s				
压缩机输入电压	V				
压缩机输入电流	A				
当地大气压	MPa				
环境温度	℃				

表 4-2　实验数据整理结果表

实验工况:_____;蒸发温度:_____℃;冷凝温度:_____℃。

项目名称	单位	1	2	3	平均
压缩机制冷量	kW				
蒸发器吸热量	kW				
冷凝器放热量	kW				
压缩机轴功率	kW				
制冷系数	—				
热平衡误差	%				

4.3　热电制冷的演示实验

一、实验目的及要求

1. 熟悉与掌握热电制冷的工作原理和特点。
2. 熟悉热电堆的结构。
3. 了解热电制冷的应用。

二、实验设备

台式热水器。

三、实验方法

拆开冷热水器,通过观察,熟悉热电制冷装置的结构与形式。接通电源,观察热电堆的温度变化,掌握热电制冷的工作原理。

四、实验报告内容

1. 画出热电制冷系统的工作原理图。
2. 简述热电制冷的工作原理。
3. 简述热电堆的结构形式与特点以及提高热电制冷的制冷系数的方法。

第5章 空气调节实验

5.1 集中式空调系统的操作及空气处理过程实验

一、实验目的及要求

1. 了解集中式空调系统的组成。
2. 掌握集中式空调系统的操作原理及要求。
3. 进行集中式空调系统的热工测量。
4. 计算、分析空气处理过程的状态变化。

二、实验装置

集中式空调系统图如图 5-1 所示。

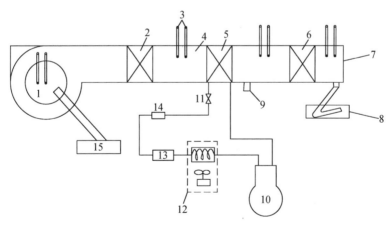

1—送风机;2—一次电加热器;3—干湿球温度计;4—风管;5—蒸发器(表冷器);6—二次电加热器;7—孔板;
8—倾斜式微压计;9—凝结水出口;10—制冷压缩机;11—膨胀阀;12—冷凝器;13—贮液器;14—电磁阀;15—加湿器。

图 5-1 集中式空调系统图

三、实验方法及步骤

1. 对照实验装置图了解各部件的作用。
2. 掌握操作步骤。

(1)检查(油位、高低压表指示,皮带轮运转情况,电源)。

(2)插上主电源插头。

(3)启动风机。

(4)启动压缩机。

(5)调节加热、加湿功率。

(6)关闭主控板停止开关。

(7)拔掉主电源插头。

四、实验数据记录及处理

1. 根据操作要求启动风机、压缩机。

2. 风量根据风机进风口处挡板调节到一定位置。

3. 根据教师要求及加热、加湿功率置于某一指示值。

4. 待工况稳定后分别读取以下数据。

(1)空气进口干湿球温度 t_1、t_{1s},℃。

(2)空气经一次加热后的干湿球温度 t_2、t_{2s},℃。

(3)表冷器后空气的干湿球温度 t_3,t_{3s},℃。

(4)二次加热器后空气的干湿球温度 t_4,t_{4s},℃。

(5)微差计的压力差 Δp,mmH$_2$O。

(6)电加热、电加湿器的功率,W。

5. 把上述数据记录在表5-1中,并分别测量5次,每个参数测量5次的算术平均值作为最终值。其中风量计算按照下式计算:

$$G = 0.028\sqrt{\Delta p \cdot \rho} \text{ kg} \tag{5-1}$$

式中 Δp——微差压计压力差,mmH$_2$O;

   ρ——空气密度,kg/m^3。

计算空气在各处理过程中的热量,按照下式计算:

$$Q = G\Delta i \text{ kW} \tag{5-2}$$

式中 Δi——空气处理前后焓差,kJ/kg,由 i-d 图查出。

表5-1 集中式空调系统实验数据记录表

参数	t_1/℃	t_{1s}/℃	t_2/℃	t_{2s}/℃	t_3/℃	t_{3s}/℃	t_4/℃	t_{4s}/℃	Δp/mmH$_2$O	一次加热功率/W	二次加热功率/W	加湿功率/W	风量/(kg·s^{-1})	热量/kW
1														
2														
3														
4														

表 5-1(续)

参数	t_1 /℃	t_{1s} /℃	t_2 /℃	t_{2s} /℃	t_3 /℃	t_{3s} /℃	t_4 /℃	t_{4s} /℃	Δp /mmH$_2$O	一次加热功率 /W	二次加热功率 /W	加湿功率 /W	风量 /(kg·s^{-1})	热量 /kW
5														
6														
7														
8														

6. 在 i-d 图上表示各空气处理过程。

7. 分析测量数据的准确性,找出产生误差的原因。

5.2 半集中式空调系统的操作及测试分析实验

一、实验目的及要求

1. 认识半集中式空调系统的组成。
2. 掌握半集中式空调系统的操作要求。
3. 设计半集中式空调系统冷量测试方案,培养学生的综合能力。
4. 分析、计算半集中式空调系统的冷量。

二、实验装置

半集中式空调系统图如图 5-2 所示。

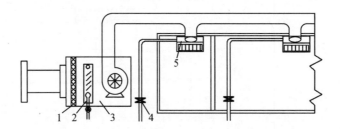

1—过滤器;2—冷冻水泵;3—小型风冷冷水机组;4—阀门;5—风机盘管。

图 5-2 半集中式空调系统图

三、实验方法及步骤

1. 对照实验装置图了解各部件的作用。
2. 掌握操作步骤。
(1)检查(油位、高低压表指示,皮带轮运转情况,电源)。
(2)插上主电源插头。
(3)启动风机。
(4)启动压缩机。
(5)启动水泵。
(6)关闭主控板停止开关。
(7)拔掉主电源插头。

四、实验报告内容

学生可参考集中式空调系统的操作及空气处理过程实验,提出一套测试该系统冷量的测试方案并进行测试,然后完成实验报告。该报告内容如下。

1. 实验装置组成的简图。

2. 测试原理。

3. 测试所需仪器。

4. 测试数据。

5. 数据计算方法。

第6章　制冷压缩机拆装实验

一、实验目的及要求

1.通过拆装活塞式、涡旋式、滚动转子式和双螺杆式制冷压缩机,学生要掌握以下内容。

(1)熟悉与掌握各种压缩机的工作原理与结构特点。

(2)熟悉各种压缩机主要部件的结构形式。

(3)熟悉气阀的工作原理与结构。

(4)熟悉与掌握各种压缩机的润滑方式。

(5)了解各种压缩机的吸气和排气方式。

2.教师利用常见的三维建模软件,如 Proe、CAD、Solidwork 等绘画制冷压缩机的主要部件,使学生更直观地了解压缩机结构形状、布置位置和运行方式,同时加强学生对常见三维建模软件的使用能力。

二、实验装置

根据实验条件,可灵活选择以下实验器材:开启式活塞式压缩机、半封闭活塞式压缩机、全封闭活塞式压缩机、涡旋式压缩机、滚动转子式压缩机、双螺杆式压缩机、梅花扳手、活扳手、弯柄、卡簧钳、铁锤、十字螺丝刀、活塞环压缩器、三爪拉马、套筒等。

三、实验方法及步骤

(一)拆装注意的事项

1.机器拆卸前必须准备好扳手、专用工具及放油等准备工作。

2.拆装前详细观察装配好的机器。

3.由于机器各部件的结构不同,要考虑拆装的前后操作顺序,以免先后倒置造成混乱,或猛拆、猛敲,造成零件、部件的损坏、变形。

4.机器拆卸时要有步骤地进行,一般应先拆部件,后拆零件,由外到内,由上到下,有次序地进行。

5.拆卸所有螺栓、螺母时,应使用专用扳手;拆卸气缸套和活塞连杆组件时,应使用专用工具。

6.对拆下来的零件,要按零件上的编号(如无编号,应自行编号)有顺序地放置到专用支架或工作台上,切不可乱堆乱放,以免造成零件表面的损伤。

7.对于固定位置不可改变方向的零件,都应做好装配记号,以免装错。

8. 拆下的零件要妥善保存,细小零件在清洗后,即可装配在原来部件上以免丢失,并注意防止零部件锈蚀。

9. 对拆下的水管、油管、气管等,清洗后要用木塞或布条塞住孔口,防止进入污物。对清洗后的零件应用布盖好,以防止零件受污变脏,影响装配质量。

10. 对拆卸后的零部件,组装前必须彻底清洗,并不许损坏结合面。

11. 实验中应该注意安全,防止事故,也不允许有任何物品遗放在机器内部。

(二)活塞式制冷压缩机的不完全拆装

1. 拆卸

各类活塞式制冷压缩机的拆卸工艺虽然基本相似,但由于结构不同,所以拆卸的步骤和要求也略有不同,应根据各类压缩机的特点制定不同的拆卸方法。下面以氨制冷压缩机为例,说明这种类型的制冷压缩机的拆卸方法和步骤。

(1)拆卸气缸盖与排气阀

拆卸气缸盖与排气阀,先松动并拧下气缸盖短螺栓螺母。再松动气缸盖长螺栓螺母,当气缸盖升起 2~3 mm 时,观察气缸垫片在哪一边黏得多,然后在黏得少的一边用螺丝刀起下垫片,以免损坏。拆下气缸盖后,取出安全弹簧、排气阀组及吸气阀片。

(2)拆卸曲轴箱侧盖

拆卸曲轴箱侧盖,先把曲轴箱两旁的侧盖螺母拆下,用螺丝刀把气缸盖起开一条缝,然后取下曲轴箱侧盖。

(3)拆卸活塞连杆部件

拆卸活塞连杆部件,先松动并拧下连杆大头盖的螺栓,取出大头盖和下轴瓦,然后用专用吊栓拧进活塞顶部的中心螺孔内,用吊栓拉出活塞连杆部件。

(4)拆卸气缸套

拆卸气缸套,先用两只专用吊栓拧进气缸套顶部吸气阀座的螺孔内,再用吊栓拉出气缸套。若过紧,可用木棒敲气缸套底部,即可拉出。

(5)拆卸载机构

拆卸载机构,先将油管拆下来,再拆卸油缸盖法兰。拆法兰时应注意里边有弹簧,以免法兰盖掉到地上伤人。拆下法兰和油活塞后,在吸气腔内用木棒敲击油缸即可把油缸、弹簧和拉杆一起取出。若有多套卸载机构,因四列气缸对机体前侧的距离不同,而拉杆长度也不同,拆卸时应做好记号,以免装错。

(6)拆卸细滤油器和油泵部件

拆卸细滤油器和油泵部件,先拆下油泵和油三通阀之间的油管,然后拆下细滤油器上的螺母,取下细滤油器和油泵。

(7)拆卸油三通阀和粗滤油器

拆卸油三通阀和粗滤油器,先拧下油三通阀与机体的连接螺栓螺母,再取下三通阀,随之把网状滤油器取出。

(8)拆卸吸气过滤器

拆卸吸气过滤器,先将吸气过滤器法兰螺丝拧松,在拆下最后的螺丝时,用手推住法兰,以防弹簧把法兰弹出,再取下吸气过滤器盖和网状吸气过滤器。

(9)拆卸轴封部件

拆卸轴封部件,先均匀拧松压盖螺母,对角留下两个螺母暂不拧下,将其他螺母拧下,用手推住压盖,再拧余下两个螺母,以防轴封弹簧将轴封盖和其他零件弹出,损伤零件或者伤人。然后依次取下压盖,转动摩擦环等零件。拆下后的压盖和转动摩擦环的密封面应对着放好,以防受损伤。

(10)拆卸后轴承座

在拆卸后轴承座之前,应用方木在曲轴箱内把曲轴垫好,再拆下油管及机器的连接螺丝。将两根专用螺丝拧到后轴承座的螺孔内,把轴承座顶开,然后用撬棍慢慢撬出。两边用力应均匀,防止将曲轴带出或卡住拉不出来。

(11)拆卸曲轴

曲轴从后轴承座孔取出。拆卸曲轴时,后轴承端应缠上布,以防移动时滑脱。曲轴前端拧上螺丝,插上管,推曲轴时用。在曲轴箱中部用方木抬曲轴,这样前、中、后都做好准备,协同一致,慢慢把曲轴移动抽出。注意曲拐不要碰伤后轴承座孔。

(12)拆卸前轴承座

拆卸前轴承座时,将两根专用螺丝拧到前轴承座的螺孔内,把轴承座顶开,然后用撬棍慢慢撬出。

2. 部件的组装

(1)活塞连杆部件的组装

①连杆小头衬套的装配。

②活塞销与连杆小头的装配。

③活塞环的装配。

(2)油泵部件的组装(指内转子油泵)

①放入湖道垫板(挡油板),装上偏心筒。

②装上内、外转子。

③装上泵的端盖,要对角均匀拧紧螺丝,并用手转动泵轴,以转动灵活为宜。

(3)气阀部件的组装

①气阀弹簧若有一个损坏应全部换新的。

②检查阀盖上阀片升程两侧有无毛刺,若有毛刺应用细挫修理。

③装阀盖、阀片和外阀座用 M16 螺丝连接,注意阀片应放正。

④装内阀座和芽芯螺丝。

⑤装配后,用螺丝刀试验阀片各处在升程中活动是否灵活。

(4)三通阀部件组装

①装配时应注意定位。

②限位板的螺丝要装平。

3. 装配

将各个已经组装好的部件逐件装入机体。总装程序如下。

(1)前轴承座。

(2)曲轴。

(3)后轴承座。

(4)密封器。

(5)联轴器。

(6)油泵。

(7)滤油器。

(8)三通阀。

(9)卸载装置。

(10)气缸套。

(11)活塞连杆组。

(12)排气阀与假盖弹簧。

(13)气缸盖。

最后装上曲轴箱侧盖,并将侧盖上的小油塞拆下来,用漏斗向曲轴箱加油。

(三)螺杆式制冷压缩机简单拆装

1. 拆卸

(1)拆下吸器过滤器、吸气止回阀。

(2)拆下能量指示器。

(3)取下定位销,平行取下吸气端盖,取出油活塞和平衡活塞。注意取定位销时只能拔出而不能砸出来,一定要先取出定位销,再卸下所有的螺栓,防止吸气端盖的质量全部作用在定位销上,将定位销压弯。

(4)拆下轴封盖,取出轴封。注意不要碰伤动、静环。

(5)取下定位销,拆下排气端盖。

(6)取下轴承压盖、防松螺母、垫片、止推轴承、调整垫等。拆卸防松螺母要使用随机专用工具并先起开防松垫片的锁片。随时做好标记,分别摆放。

(7)取出定位销后,拆下排气端座。

(8)利用专用吊环螺栓将主动转子缓慢、平稳取出,不要与机体碰撞。这时从动转子是随之转动的。

(9)取出从动转子。

(10)取出滑阀。

2. 装配

装配时要注意拆卸时做好的标记,不要将零件搞混。

(1)将所有零件清洗干净。

(2)将所需使用的工具准备齐全,清洗干净。

(3)将主轴承按原位装入轴承孔内。

(4)在吸气端座与机体的贴合面上均匀涂抹密封胶。

(5)将吸气端座靠在机体吸入端,压入部分螺栓承担质量。压入定位销后,将螺栓紧固。

（6）安装滑阀及其导向托板。导向托板先以定位销定位后方可用螺栓固定。

（7）将吸入端主轴承孔及机体内孔涂抹干净的润滑油，装入阳转子及阴转子。后装的转子要慢慢旋入，不可强行压进机体内。

（8）将阴、阳转子靠紧在吸气端座上。

（9）在排气端座与机体的贴合面上均匀涂抹密封胶。

（10）将排气端座靠在机体排出端，压入定位销后，将螺栓紧固。装排气端座时注意主轴承内孔，切勿损伤主轴承。

（11）装入调整垫片、止推轴承，并用圆螺母及防松锁垫将止推轴承内隔圈固定在转子的轴颈上。止推轴承成对安装，并注意安装方向。

（12）装上转子轴承压盖，将止推轴承外隔圈压紧在机体上。

（13）将排气端盖装上定位销，加垫片以螺栓固定。

（14）装入轴封动环，在动环表面及胶圈涂抹冷冻油。

（15）将静环装入轴封压盖，加垫片以螺栓固定在排气端座上。通过垫片厚度调整轴封弹簧的预紧力。静环表面及静环胶圈也涂抹冷冻油。

（16）装入油活塞及平衡活塞。装配时涂抹冷冻油。

（17）将吸气端座装上定位销，加垫片以螺栓固定。

（18）装能量指示器，注意指针与滑阀位置相对应。

（19）将吸气过滤器及止回阀装到吸气端座上。

（四）封闭滚动转子式压缩机的结构观察

滚动转子式压缩机一般用在小型制冷装置（如家用空调器）中，功率一般在 10 kW 以下，并且是全封闭式的。为了观察方便，我们将全封闭式压缩机进行了线切割，以便能看清楚其内部结构。

封闭滚动转子式压缩机的主要部件如下。

1. 气液分离器

气液分离器的主要作用是进行气液分离、储液和压力缓冲。

2. 滑板

滑板将气缸分成两个基元空间，靠弹簧或钢丝压在转子的外表面，保证吸排空间的密封性。

3. 转子

转子的几何中心与气缸中心有一定的偏心，转动过程中能实现容积的变化，实现压缩机的吸排过程。

4. 平衡块

平衡块消除整个转子的不平衡惯性力。

（五）封闭涡旋式压缩机的结构观察

涡旋式压缩机大多为全封闭式的，所以对其结构分析也进行了线切割。

封闭涡旋式压缩机的主要部件如下。

1. 动、静涡旋体

动涡旋体相对静涡旋体偏心并相差 180°对置安装,动涡旋体做无自转的回转平动。其密封基元为一系列的月牙形空间。

2. 十字连接环

上部实肋中的一对十字连接环与动涡旋体的键槽相配合滑动,另　对十字连接环与静涡旋本体的键槽相配合滑动,主要作用是防止涡旋体自转。

3. 偏心套

偏心套调整动、静涡旋体的径向间隙。

四、实验报告内容

1. 简述各种压缩机的工作原理。

2. 说明各种压缩机的润滑方式。

3. 简述气阀的工作原理与结构特点。

4. 选择一种压缩机,用三维建模软件按照比例画出它的主要零部件,然后把画好的零部件按照对应的位置进行定位、摆放,最后在活动部件设置好合适的运动参数,在动力系统加入伺服电机,使模型能模拟压缩机运作的方式。

第7章　热工测试与自动化实验

7.1　压力表的校验

一、实验目的及要求

1. 了解压力表校验的意义,掌握仪表校验与分度的比较法。
2. 学习压力表校验仪的使用方法,从而了解压力表的安装与使用方法。
3. 了解仪表的基本技术性能指标。
4. 学习压力的测量方法,巩固"仪表选择"方法的知识。
5. 应用所学的误差理论、实验数据处理方法进行具体实验,正确读取、判断、整理实验数据,正确写出实验结果。

二、实验装置

1. 精密压力表(作为标准压力表用)、一般压力表(被校压力表)。
2. 压力表校验仪,用以校验一般压力表,其结构由手摇油泵、油杯、两个单向阀及连接导管、底座等组成。

压力表校验仪是根据流体静力学压力平衡的工作原理工作的,在封闭系统内充灌传压工作介质(本实验压力上限为 6 MPa,所以系统内应充灌变压器油),当转动手摇油泵手轮时,手摇油泵活塞压缩系统内的工作介质,工作介质压力升高,根据液体传递压力的原理,系统内各点压力相等,比较标准表和被校压力表的指示值,就可达到校验压力表的目的。

三、实验方法及步骤

(一)准备工作

1. 检查被校压力表外观有无破损,表盘刻度和数字符号是否清晰,指针是否变形。
2. 选好标准压力表的量程和精度等级,为避免损坏和保持标准表的精度及保证校验精度,选取的标准表上限一般应大于被校压力表测量上限的 1/3,精密等级至少要比被校压力表高两级。
3. 核对校验仪型号、规格,是否有合格证。
4. 将压力表校验仪放在没有振动、便于观察和操作的工作台上,并保持基本水平。
5. 认识压力表校验仪的结构组成、测压范围,并仔细阅读说明书。

(二)校验步骤

1. 关闭两个单向阀,并将精密压力表和被校压力表分别连接在校验仪的两个单向阀上。

2. 开启油杯阀,向油杯注入规定的工作介质,至约 2/3 高度,逆时针缓慢旋转手摇油泵手轮,使其充满油液。

3. 关闭油杯阀,打开其他阀门,顺时针旋转油泵手轮,使油压逐渐上升,直到被校压力表或标准压力表指示第一个压力校验点,分别读取两压力表的指示值。

4. 继续加压至第二、第三个压力校验点,重复上述操作,直至满量程为止。一般按标有数字的分度线取校验点。

5. 逐渐减压,按上述步骤做下行校验,求出被校压力表的基本误差。

四、实验数据记录及处理

压力表校验实验数据记录见表 7-1。

表 7-1　压力表校验实验数据记录表

标准压力表的编号:_____;量程:_____;精度等级:_____。

被校压力表的编号:_____;量程:_____;精密等级:_____。

被校压力表读数	上行		下行		来回差
	标准表读数	校验点测量误差	标准表读数	校验点测量误差	

被校验表的最大实际测量误差为_____。

被校验表的变差为_____。

被校验表的最大允许误差(基本误差)为_____。

结论:_____。

校验中其他情况:_____。

五、思考题

1. 任选一压力表,写出其基本技术性能指标。

2. 校验时如果两压力表安装高度不一致会出现什么情况?如何补救?

3. 如果被校压力表超差(即实际测量误差大于仪表允误误差),应如何调整?

7.2 热电偶的校验(或分度)及使用

一、实验目的及要求

1. 观察工业和实验室用热电偶的结构,获得有关的感性认识。

2. 掌握热电偶的检验(或分度)方法。

3. 掌握热电偶冷端温度补偿的方法及适用条件,了解并设计、安装与使用热电偶测温系统。

4. 应用比较法,求得被校验热电偶的电势-温度关系曲线,并与同类型标准化热电偶的热电特性相比较,确定在一定测量范围内,由于热电特性的非标准化而产生的误差。

5. 学会熟练地使用直流电位差计。

二、实验装置

1. 本实验用直流电位差计作为热电偶测量电势的显示仪表。

2. 使用双向切换开关,并利用一只电位差计测量两支热电偶的热电势,以利于两组实验人员共用一台直流电位差计。连接导线时先要断热电偶的正负极,使其正负极与电位差计接线柱的极性相一致。

3. 正规热电偶校验用管式电炉作为被测温对象,测温范围应做到热电偶满量程。这里为简化实验,用恒温水浴锅作为被测对象,测温范围是 0~100 ℃。

三、实验方法及步骤

1. 设计热电偶测温系统,画出测温系统图(实验装置图),标出所需设备的名称、规格与数量,简要说明该系统的测温方法。

2. 按实验装置图安装、布置设备,并正确接线。

3. 将水加入恒温水浴锅的水箱中。

4. 将直流电位差计的倍率开关从"断"旋至所需倍率;1 min 后调节"调零"旋钮,使检流计指针指零;"测量-输出"开关置于"测量"位置;扳键开关扳向"标准",调节"粗""微"旋钮,直至检流计指针指零。

5. 检查实验装置的接线是否正确,并将恒温水浴锅温度设定旋钮旋至第一个校验点上,经指导老师检查同意后合上电源开始操作,加热指示灯亮表示加热升温。

6. 当恒温水浴锅的加热指示灯熄灭,恒温指示灯亮时,表示水浴锅的温度已达到设定温度,这时加热停止,处于恒温状态,温度稳定 1~2 min 后,将直流电位差计的扳键开关扳向"未知",调节测量盘,直到检流计指零,被校热电偶的热电势为测量盘读数之和与倍率的乘积。

7. 在读数过程中,水浴的温度会有微小的变化,因此,一个温度检验点需要反复读数次,先读标准水银温度计,后读被校热电偶的热电势,交替进行,直到 5 个连续的标准温度计读数(即水浴锅温度)最大差值不超过 1 ℃为止,否则应继续测试。最后将测量结果记录在表 7-3 中。

8. 取得一个温度校验点的读数后,调节恒温水浴锅温度设定旋钮,使水浴温度升高到第二个温度校验点(重复第 6,7 步骤),进行第二点的读数,共取 7 个校验点。

9. 做完实验后,检查数据是否合理,如无问题,则可关掉水浴锅电源,将直流电位差计的"倍率"开关置于"断"的位置,然后进行实验设备的整理与恢复,最后对数据整理。

四、实验数据记录及处理

1. 实验设备参数填入表 7-2 中。

表 7-2　实验设备参数

标准温度计	名称:＿＿＿＿　量程:＿＿＿＿　精确度等级:＿＿＿＿
被校热电偶	名称和分度号:＿＿＿＿　长度:＿＿＿＿　直径:＿＿＿＿　编号:＿＿＿＿
直流电位差计	名称:＿＿＿＿　型号:＿＿＿＿　精确度等级:＿＿＿＿　量程:＿＿＿＿　编号:＿＿＿＿
环境条件	室温:＿＿＿＿℃　大气压力:＿＿＿＿Pa　相对湿度:＿＿＿＿%
实验中其他情况	

2. 舍去那些由于不正确的测试而显然错误的数据,然后分别对标准温度计和被校热电偶各校验点的读数取平均值,并填入表 7-3 中,给出被校热电偶的热电特性曲线(图 7-1)。

表 7-3　校验记录数据

校验点序号	标准温度计读数						被校热电偶读数				
	1	3	5	7	9	平均温度/℃	2	4	6	8	平均/mV
1											
2											
3											
4											
5											
6											
7											

3. 按照标准温度计测出的温度,在被校热电偶的标准化分度表中查出相应的热电势值,算出被校热电偶的热电势误差值,再由此误差值在分度表中被测温度处查得相应的温度误差。将热电势误差和相应的温度误差都记录在表 7-4 中,根据被校热电偶允许误差,给出校验结果。

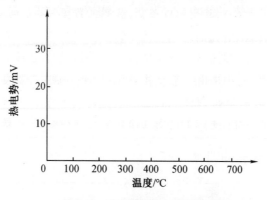

图 7-1　热电偶热-电特性曲线图

表 7-4　被校验热电偶误差表

校验点序号	1	2	3	4	5	6	7
校验点温度/℃							
被校热电偶测出的热电势/mV							
同类型标准化热电偶热电势/mV							
热电势误差/mV							
温度误差/℃							

校验(分度)时冷端温度为_____℃。

被校热电偶的基本误差为_____。

结论:_____(被校验热电偶是否符合标准化热电偶要求)。

五、实验报告内容

1. 实验目的。

2. 实验中所用的仪器和设备的名称与主要规格。

3. 实验装置实际接线图。

4. 原始数据(表 7-2、表 7-3、表 7-4、图 7-1)。

5. 数据整理计算及结论。

6. 对实验中的问题进行讨论或提出建议。

7.3　常用热工测仪表及自控仪表

一、实验目的及要求

1. 仔细观察各种仪表,了解它们的结构、用途和工作原理,并选择一个测量系统,指出其感受元件、中间原件、显示元件,写出该测量系统的基本技术性能指标,了解测量系统的组成及它们相互间的连接。

2. 了解仪表面板的内容和各种符号的意义,如量程、测量范围、精度等级、单位等。了解常用调整旋钮的用法,如机械零位调整法、量程比调整等。

3. 观察学习常用仪表的安装和使用方法。

4. 了解实验室用仪表和工业用仪表的区别。

5. 通过拆装,了解各自控器件的组成与结构。

二、实验装置

(一) 测温仪表

测温仪表包括热电偶、热电阻、液体膨胀式温度计、双金属片温度计、直流电位差计、动圈仪表、温度数字显示仪表等。

(二) 测压仪表

测压仪表包括弹性压力计、液柱压力计、电气压力计、活塞式压力表校验仪等。

(三) 流量仪表

流量仪表包括节流件、皮托管、差压式流量计、转子流量计、涡轮流量计等。

(四) 相对湿度测量仪表

相对湿度测量仪表包括干湿球湿度计、毛发湿度计、电湿度计等。

(五) 控制元件

控制元件包括热力膨胀阀、电磁阀、温控器、高低压控制器、定压膨胀阀、单向阀、液位控制器、四通电磁阀、安全阀、压差控制器、能量调节阀等。

(六) 其他

其他的还包括热球风速仪、热线风速仪等。

三、注意事项

1. 不要随意用手触摸仪表的接线端子和感受端,同时留意仪器是否损坏,以免对仪表产生错误的认识。

2. 注意电源导线与信号导线的区别,并细心查看导线是否破损,防止有杂物进入导线内部,干扰仪表的工作。

3. 使用仪器时,一定要严格按要求进行操作;等到仪表数值稳定后再读数,以便减小数据误差。平时不使用仪表时,也要对仪表进行保养。

四、实验报告内容

1. 实验目的。

2. 写出你所看到的有关仪表的名称。

3. 每类仪表中,选择一个你最了解的仪表,说明其结构、工作原理、适用条件、使用注意事项以及仪表的基本技术性能指标。

4. 说说实验室用仪表和工业用仪表的区别。

第8章 冷库设计实验

8.1 一机二库制冷系统

一、实验目的及要求

1. 认识一机双温冷库制冷系统的组成和工作原理。
2. 掌握一机双温冷库实现双温控制调节的方法。
3. 了解蒸发压力调节阀的调节原理及设置。

二、实验装置

1. 本实验设备由3个电磁阀、2个热力膨胀阀、6只手阀、1个蒸发压力调节阀和1个机组,以及相应的压力表、数显温度表所组成。

2. 设备使用的工质为R12,充灌质量约2 kg。

3. 系统设备中6只手阀可以设置几种系统制冷故障,供教学实验用。

4. 对热力膨胀阀过热调节时,先旋下密封螺帽,然后顺时针旋转调节杆,可增加静态过热度,逆时针旋转为减少静态过热度。

5. 关于SKT-108 Ⅱ数字显示温度控制的使用说明如下。

(1)将显示选择开关拨至中间位置,显示器指示被测点的实际温度,将开关拨至左边,则指示上限设定温度。如调节上限温度电位,可改变上限温度设定值。将开关拨至右边,则指示下限设定温度,调节下限电位器,可改变下限设定值。为保证温度控制器的正常,下限温度计的设定值必须低于上限温度计的设定值。

(2)当被测温度高于(指制冷)或低于(指加热)下限温度时,继电器吸合,控制外接触器工作,红灯亮(或者其他颜色);当被测温度低于(指制冷)或高于(指加热)上限温度时,继电器释放,断开外接电路,红灯灭。

(3)调节上、下限位后,必须将锁紧螺帽拧紧。

系统制冷故障设置表见表8-1。

6. 控制面板的使用方法如下。

当库温低于设定温度时,对应的电磁阀关闭,停止对蒸发器供液;当库温高于设定温度时,对应的电磁阀开启,蒸发器处于制冷状态。库温都低于设定温度时,机组处于待机状态;当一个或两个库温高于设定温度,机组重新工作。制冷系统电控图如图8-1所示,工作原理图如图8-2所示。

表 8-1　系统制冷故障设置表

编号	故障手阀号	故障现象	故障原因
1	#1	手阀关死,高温库不制冷	冷凝器输出的制冷液无法流向低温库系统
2	#2	手阀关死,高温库不制冷	节流后的湿蒸汽无法向高温库提出
3	#3	手阀关死,低温库不制冷	冷凝器输出的制冷液无法流向低温库系统
4	#4	手阀关闭,高温库不制冷	从蒸发器流出的饱和蒸汽无法流向压缩机吸气口
5	#5	手阀关闭,低温库不制冷	从膨胀阀流出的湿蒸汽无法流入蒸发器进行蒸发
6	#6	手阀关闭,低温库不制冷	从蒸发器流出的饱和蒸汽无法流向压缩机

注:以上 6 个故障手阀依次轮番操作之后,可以马上得出结论。从压缩机排出的高压高温气体→冷凝器进行放热→节流阀产生湿蒸汽→蒸发器进行充分热交换(吸热)→产生的饱和干蒸汽进入压缩机吸气口,这一条路径必须畅通无阻,方能完成上述的循环过程,否则达不到制冷目的。

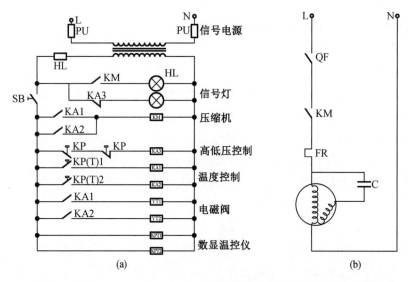

L—火线;N—零线;HL—指示灯;SB—自复位开关;KM—交流接触器;KA—电流继电器;
KP—极化继电器;QF—断路器;FR—热继电器;C—电容;PU—信号电源;YT—跳闸线圈。

图 8-1　制冷系统电控图

三、实验方法及步骤

1. 对照实验设备,了解一机双温冷库制冷系统组成、各部件的名称和作用。

2. 启动实验设备,按表 8-1 设置系统制冷故障,观察现象。

3. 设定两库房不同库温,观察制冷系统工作情况。

四、实验报告内容

1. 简述一机双温冷库制冷系统工作原理,画出制冷系统流程图。

2. 简述蒸发压力调节阀的工作原理。

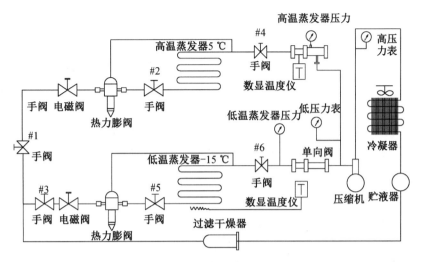

图 8-2　制冷系统原理图

8.2　冷库设计课程参观要求

一、实验目的及要求

1.认识冷库的工作区域组成,如月台、冷库、走道、办公楼、配电房、川堂等。

2.了解冷库主体平面布置原则,如冷间的划分,冷间与电梯间、楼梯、工作间的组合方式和平面布置,高、中温川堂的位置、区别等。

3.认识制冷系统、冷却水系统、通风系统的组成及工作流程,增强对各设备的感性认识(大小、形状、相对位置、保温、系统供液方式、工作原理等)。

4.了解冷间冷却设备的选取、送风方式、布置形式。

5.认识管道,包括粗细、保温、伸缩弯、存油弯等,注意管道与蒸发器的连接(回油措施)、管道与设备的连接、各种管道与阀门的设置(如均压管、放油管、放空气管、安全管等)等。

6.认识制冷系统中,温度、压力、液位的监视及其安全设备。了解冷库制冷系统安全操作、管理的要点、规范和步骤。

二、注意事项

1.注意安全,遵守纪律,听从冷库工作人员的指挥,不要随意触碰冷库设备的按钮、阀门。

2.认真听取冷库工作人员的介绍,虚心学习,细心观察冷库设备的布置,做好相关笔记,结合所学理论知识积极思考,并对疑惑处进行提问。

三、实验报告内容

1.冷库的工作区域组成,并根据实际情况画出其布置位置。

2.制冷系统、冷却水系统、通风系统的组成及工作流程。

3.冷间主要冷却设备的选取,并绘制成一份表格。

第9章　小型制冷装置实验

9.1　家用电冰箱

一、实验目的及要求

1.通过观察,增加对家用电冰箱制冷系统、电气控制系统各零部件的各种结构形式的感性认识。

2.加强对电冰箱制冷系统、电气控制系统的组成及工作原理的认识。

3.熟悉了解电冰箱各设备和零部件的布置。

4.了解直冷式电冰箱和间冷式电冰箱的区别。

二、实验装置

根据实验条件,可选用蒸汽压缩式电冰箱、吸收-扩散式电冰箱、半导体制冷式电冰箱、冷藏箱、冷冻冷藏箱、冷冻箱、立式电冰箱、卧式电冰箱、台式电冰箱、移动式电冰箱、壁挂式电冰箱、嵌入式电冰箱、直冷式电冰箱、间冷式电冰箱等。

三、实验内容

1.仔细观察各类型电冰箱,判断其冷却方式、温度控制方式;说出其冷凝器、蒸发器各属于哪种结构形式。

2.将各类型的电冰箱型号和设备布置位置填入表9-1中。

表9-1　电冰箱结构参数表

电冰箱类型		电冰箱型号	布置位置
直冷式电冰箱			
间冷式电冰箱			
冷凝器	百叶窗式		
	钢丝钢管式		
	组合式(内藏式)		
	翅片管式		

表 9-1(续)

电冰箱类型		电冰箱型号	布置位置
蒸发器	板管式		
	铝复合板式		
	单脊翅片管式		
	翅片管式		
箱温控制方式	直接管式		
	间接控制		
	循环风量		
启动继电器	重锤式		
	启动继电器(PTC)		
	蒸发皿		
温控器	电子温控器		
	化霜复合型压力式温控器		

3. 熟悉各类型电冰箱的电路原理图,并尝试了解其实际接线。

4. 绘出某一个电冰箱的电路实际接线图,并讲解该电路的工作原理(控制过程),注明所选实验用冰箱的型号。

9.2 空 调 器

一、实验目的及要求

1.通过拆装空调器外壳并进行观察,建立对窗式空调器、常见分体式空调器的外形、结构、组成的感性认识,掌握房间空调器制冷系统和空气处理系统的工作原理。

2.了解汽车空调器特殊的使用环境和要求,对与之相适应的汽车空调器制冷设备的结构、特点及其布置方式增加感性认识。

二、实验装置

根据实验条件可选用挂壁式空调、立柜式空调、窗式空调、吊顶式空调、独立式汽车空调、非独立式汽车空调、单一功能型汽车空调、冷暖一体型汽车空调、手动式汽车空调、电控气动调节式汽车空调、全自动调节式汽车空调、微机控制全自动调节式汽车空调、整体式汽车空调、分体式汽车空调、分散式汽车空调等。

三、实验内容

1.了解窗式、分体式空调器各主要组成部件的名称及作用。

2.掌握各类型空调器制冷系统、空气处理系统的工作过程及设备布置位置。

3.画出一台窗式空调器、一台分体式空调器的结构示意图,并在图中标明主要零件的名称,制冷剂流动方向和室内外的空气流动方向,以及所画空调器的型号并说明型号含义。

4.试比较窗式空调器和分体式空调器有何异同。

5.观察了解汽车空调器,写出汽车空调器启动的操作步骤,并说明其驱动方式并填表9-2。

表 9-2　汽车空调器启动的操作步骤及驱动方式

汽车类型		
驱动方式		
压缩机结构类型		
冷凝器结构类型		
蒸发器结构类型		
采暖方式		
送风方式		
温度控制方式		

表 9-2(续)

	汽车类型			
放置位置	压缩机			
	冷凝器			
	蒸发器			
	电磁离合器			
	贮液器			

9.3　小型冷饮食品制冷装置

一、实验目的及要求

1.掌握小型冷饮水机和小型制冰机的结构、组成、工作原理与控制原理。通过研究个别冷饮水机和制冰机,总结其工作原理、功能特点,以掌握大部分制冷设备的运行方式。

2.掌握清洗常见的冰淇淋机的步骤。

二、实验装置

根据实验条件可选用小型瓶式冷热饮水机、电子制冷饮水机、压缩机制冷饮水机、小型闭式喷淋式双缸冷饮水机、小型颗粒冰机、冰淇淋机、螺丝刀、扳手等。

三、实验方法及步骤

认真阅读装置使用说明书及电气原理图,仔细观察装配好的装置。

1.拆装冷饮水机外壳,观察冷饮水流动系统和制冷系统设备结构及系统工质循环路径,观察电器元件接线情况。

2.按原样装配冷饮水机外壳,经教师检查同意后,接通电源,按下开关。观察水温变化情况,观察饮料水流动或喷淋过程。

3.实验完毕,切断电源,将装置内的水排放干净。

4.拆装制冰机后下盖,打开上盖,观察制冰机的结构和组成。

5.装上制冰机的后下盖,接通电源,观察制冰机在自动控制系统控制下自动进行(补水)制冰、脱冰(及切冰)、贮冰循环的过程。

6.调节温控器旋钮,观察冰块厚度与温控器设定温度的关系。

7.用 5 L 温水配制适量的清洗消毒液,将它等量倒入 2 个料缸内。

8.接通电源,按清洗键,搅拌约 5 min,压下手柄排除清洗液。

9.用清水清洗 2~3 遍,按下停止键,关闭急停开关。

10.关闭电源后,拆洗以下各零部件。

(1)拧下出料阀上的螺钉,取下出料阀组件。

(2)依次从出料阀组件中拆下手柄固定销、手柄、阀杆、阀杆密封圈、出料阀密封圈。

(3)从冷冻缸中抽出搅拌器,取下搅拌密封套。

(4)将拆出的零部件一一清洗干净,有条件的应尽量将拆卸下的部件放入消毒液中浸泡 10 min,以消除对人体造成危害的各种细菌、霉菌及病毒。

(5)用清水再洗一遍,检查其磨损程度,必要时予以更换。

11.烘干冰淇淋机的组件后,在密封圈和密封套周边涂抹润滑油,然后按拆卸相反的步骤将零部件组装好。

四、实验报告内容

1. 认识、了解冷饮水机、小型制冰机各主要零部件的结构和作用。

2. 试画出冷饮水机的结构示意图,并说明其工作过程。

3. 分别写出小型制冰机制冷系统、供水系统、脱冰系统、贮冰系统、电气控制系统的组成。

4. 仔细观察制冰机的工作过程,试分析小型制冰机的制冰循环过程及其控制原理。

9.4　冷冻干燥设备及技术

一、实验目的及要求

1. 认真观察冻干机各部分,了解冻干机的组成及结构,辨认冻干机的真空系统、制冷系统、加热系统、干燥箱及控制系统。

2. 了解冻干机各部分的工作过程及工作方式。

3. 了解物料冻干工艺过程。

二、实验装置

1. 真空冷冻干燥设备(冻干机)。

2. 进行干燥测试的物品。

三、实验原理

真空冷冻干燥技术是将含水物料冷冻成固体,是在低温、低压条件下,利用水的升华性能,使物料低温脱水而达到干燥的新型干燥手段。其与其他干燥方法一样,要维持升华干燥的不断进行,必须满足两个基本条件,即热量的不断供给和生成蒸汽的不断排除。在开始阶段,如果物料温度相对较高,升华所需要的潜热可取自物料本身的显热。但随着升华的进行,物料温度很快就降到与干燥室蒸汽分压相平衡的温度,此时,若没有外界供热,升华干燥便停止进行。在外界供热的情况下,升华所生成的蒸汽如果不及时排除,蒸汽分压就会升高,物料温度也随之升高,当达到物料的冻结点时,物料中的冰晶就会融化,冷冻干燥也就无法进行了。

四、实验方法及步骤

1. 将真空干燥箱的抽气阀用真空胶管与真空泵连线,最好安装过滤器,防止潮气进入真空泵。

2. 将需干燥的物品放入干燥箱内,将箱门关好,关闭放气阀,开启真空阀,接通真空泵电源。箱内真空度达到所要求的数值后,先关闭真空阀,再关闭真空泵电源。

3. 若干燥时间较长,真空度下降,需再次抽气恢复真空度时,应先开启真空泵,再打开真空阀。

4. 干燥结束后,应先关闭电源,打开放气阀解除箱内真空状态,再打开箱门,取出物品。

五、注意事项

1. 箱体必须安装地线。

2. 易燃易爆物品不能放入箱内干燥。

3. 取出箱内烘干物品时,箱内温度必须低于物品燃点后才能放入空气,以免发生氧化反应而引起燃烧。

4.不能随意拆卸控温仪表,以免出现温度误差。

六、实验报告内容

1.写出冻干机的名称、型号。

2.绘出冻干机工作系统流程图,包括真空系统、制冷系统、干燥箱、冷阱、加热系统。

3.观察冻干工艺的过程,写出冻干工艺流程(操作步骤)并记录各工艺过程所需的时间、温度和压力。

第10章　建筑电气设计与实验

10.1　楼宇配电柜的电路绘制

一、实验目的及要求

1. 了解配电柜的作用及安全知识。
2. 了解配电柜的常用部件及其作用。
3. 掌握配电柜在楼宇中的布置。
4. 熟练辨认楼宇配电电路,按要求完善楼宇电路图。

二、实验报告内容

1. 观察××××实验楼 B 的主配电柜电路构造,规范绘制配电柜电路图(图 10-1)。

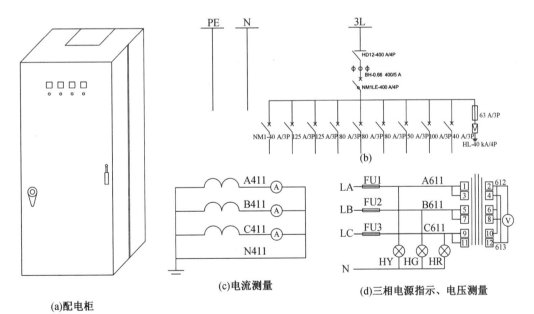

PE—地线;N—零线;L—火线;FU—断路器;HY—黄色指示灯;HG—绿色指示灯;HR—红色指示灯;

A、B、C—三相电源中的一相;LA、LB、LC——三相电源中的一相;HD12—系列刀开关;

BH—电流互感器;HL—避雷器;NM1—塑料外壳式断路器。

图 10-1　××××实验楼 B 的主配电柜电路图

2. 在电路图中标示出不同位置的仪表、设备的规格参数。

3. 对配电柜的电路从入线到出线过程以及不同仪器的作用进行说明。

4. 完善电路图:某楼层有 6 间课室,每间课室安装 8 盏灯,请选择 楼层作图。

根据××××实验楼 B 的主配电柜,写出其主要部件和作用,并填入表 10-1 中。

表 10-1　××××实验楼 B 的主配电柜的主要部件和作用表

部件	作用	部件	作用

三、注意事项

(一)安全事项

1. 进入配电室前应佩戴安全帽。

2. 不能穿拖鞋、凉鞋以及短裤、裙子进入配电室,女生应束好长发。

3. 不能佩戴金属手镯、手链、脚链以及有较大坠件的耳环等进入配电柜。

4. 进入配电柜应遵守纪律,严禁嬉闹推搡。

5. 未经老师允许,严禁用身体触碰以及拿物件触碰配电柜的部件和电路。

(二)分组及记录

1. 每 8 人一组,最后一组若≥4 人,则自成一组,少于 4 人则分配给其他组。

2. 带纸、笔及教材进行学习,并进行必要的记录。

10.2　三极法测量地阻综合实验

一、实验目的及要求

1. 了解接地电阻的测试理论。
2. 熟练掌握接地电阻测试的方法,并且能应用于实践。
3. 熟练操作接地电阻测试仪。
4. 掌握三极线测量法测量地阻。

二、实验原理

大楼的接地电阻包括防雷接地、保护接地、用电设备接地。其中,防雷接地是防止雷雨天气,雷电通过导线流入室内的设备,损坏设备和威胁人身安全。保护接地是指设备的外壳等接地,这是为了防止设备的绝缘层损坏,威胁人身安全和设备安全。用电设备接地是指室内的开关接公共接地端,减小漏电事故带来的危害。

在用电正常时,接地线是没有电流的,只有当设备的绝缘损坏或雷击时才会有电流流过。所以,接地电阻是衡量各种电器设备安全性能的重要指标之一。它是在大电流(25 A 或 10 A)的情况下对接地回路的电阻进行测量,同时也是对接地回路承受大电流的指标的测试,以避免在绝缘性能下降(或损坏)时对人身的伤害。

接地电阻测量方法通常有两线法、三线法、四线法、单钳法和双钳法。这几种方法各有各的特点,实际测量时,尽量选择正确的方式,才能使测量结果准确无误。

三极法是最常见的测量接地电阻的方法。三极法的三极分别是指接地装置测试极、辅助电压极、辅助电流极。我们分别用 G、P、C 表示,如图 10-2(a)所示。测量时 G、P、C 三极放置在一条直线上且必须垂直于地网。按照接地电阻的概念,此时,G、P 之间会得到一个接地极对地工频电压 U_G,G、C 之间通过大地形成回路得到回路工频电流 I,也是 G 点电流。通过式 $R_G = \dfrac{U_G}{I}$,得到被测接地装置的工频接地电阻 R_G。一般测试仪表内部会自置有工频电源,按下测试键,通过内部电路运算,直接显示最终的工频电阻测试值。

(一)电流极的放置

辅助电流极 C 位于远端放置,目的是使电流路径有径可寻,便于收集工频测试电流。通常它的放置要满足 $d_{GC} = (4 \sim 5)D$,D 为被测接地装置的最大对角线长度。图 10-3(a)是雷电流通过接地装置流入地中的电流场的分布,它是向四周扩散的。图 10-3(b)是测试电流的一个向一边扩散的场、畸变的场,辅助电流极 C 离接地装置测试极 G 越近,电流场的畸变越大,反之越小。在理想状态下,电流场的畸变越小,测试结果准确度越好,但是电流极越远,测试工作量就会越大。因此,我们可以把辅助电流极打在一个比较近的地方,但是要满足测量准确度要求。

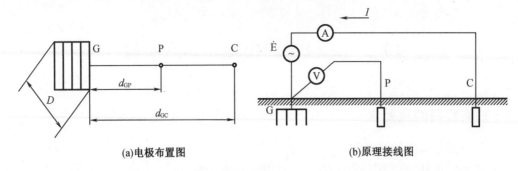

(a)电极布置图　　　　　　　　　　(b)原理接线图

G—接地装置测试极;P—辅助电压极;C—辅助电流极;$\dot{E}$—测量用的工频电源;A—交流电流表;

V—交流电压表;D—接地装置测试极的最大对角线长度;d_{GP}—G 到 P 的距离;d_{GC}—G 到 C 的距离;I—电流。

图 10-2　三极法示意图

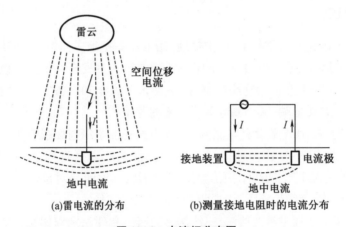

(a)雷电流的分布　　　　　(b)测量接地电阻时的电流分布

图 10-3　电流场分布图

(二) 电压极的放置

根据接地装置的定义,电压极是为了方便接地装置与大地零电位参考点之间的电压测量。因此,电压极的位置选取其实就是大地零电位区的确定。理论上讲,大地无穷远处为大地零电位参考点,但显然我们不可能到无穷远处去寻找零电位区,因此,我们要在一个较近的、可接受的、可近似认作零电位的区域寻找参考点。在用辅助电压极选取该点电位时,它与被测接地装置的电位差就是我们所需要的电压。

零电位参考点(满足要求)的选取可以通过推导来确定。根据图 10-2(b)的接线方法,可列出被测接地装置的对地电压方程:

$$U = U_a - U_b \tag{10-1}$$

$$U_a = R_G I_G + R_{GP} I_P + R_{GC} I_C \tag{10-2}$$

$$U_b = R_{PG} I_G + R_P I_P + R_{PC} I_C \tag{10-3}$$

式中　U_a——G 点电位,V;

　　　U_b——P 点电位,V;

　　　R_G——接地装置测试极 G 的接地电阻,Ω;

　　　R_P——理论推导的过程量;

　　　R_{GP}、R_{PG}——被测接地装置 G 与辅助电压极 P 之间的电阻,Ω;

　　　R_{GC}——接地装置测试极 G 与辅助电流极 C 之间的接地电阻,Ω;

R_{PC}——辅助电压极 P 与辅助电流极 C 之间的接地电阻, Ω;

I_G——流入接地装置测试极 G 的电流, A;

I_P——流入辅助电压极 P 的电流, A;

I_C——流入辅助电流极 C 的电流, A。

根据图 10-3(b), 可以得知 I_G 和 I_C 大小相等、方向相反。辅助电压极 P 无回路产生, 电流近似为零。因此, 式(10-1)、式(10-2)和式(10-3)可以简化为

$$U_a = R_G I_G - R_{GC} I_G \tag{10-4}$$

$$U_b = R_{PG} I_G - R_{PC} I_G \tag{10-5}$$

$$U = (R_G - R_{GC} - R_{PG} + R_{PC}) I_G \tag{10-6}$$

则所测接地电阻值 R 为

$$R = \frac{U}{I_G} = R_G - R_{GC} - R_{PG} + R_{PC} \tag{10-7}$$

在式(10-7)中, R_G 为被测接地装置的接地电阻真值, 则 $R_{PC} - R_{GC} - R_{PG}$ 为测量误差。要想提高测试结果准确度, 就要使测量误差尽量小, 乃至等于零, 即

$$R_{PC} - R_{GC} - R_{PG} = 0 \tag{10-8}$$

由图 10-2(b)可知, 这 3 个电阻值主要影响因素是各电极的相对位置和电极周围土壤电阻率的大小。假定电极周围的土壤电阻率是均匀的, 则可将式(10-8)转化为

$$\frac{\rho}{2\pi l_{PC}} - \frac{\rho}{2\pi l_{GC}} - \frac{\rho}{2\pi l_{PG}} = 0 \tag{10-9}$$

式中　l_{PC}、l_{GC}、l_{PG}——极点之间的距离。

设

$$l_{GP} = \alpha l_{GC} \quad l_{PC} = (1-\alpha) l_{GC}$$

则式(10-9)可简化为

$$\alpha^2 + \alpha - 1 = 0 \tag{10-10}$$

舍去负解, 得 $\alpha = 0.618$。

即是说, 为了使测量误差等于零, 应将辅助电压极打在与接地装置边缘(电流极)距离 0.618 倍的地方。此方法为 0.618 布极测量法, 也称为补偿法。实际上, 由于现场各种原因的影响, 很难保证电压极打在这个准确的位置。考虑电流极位置的选取受现场因素的影响, 可计算出在不同测量允许误差和电流极距离 l_{GC} 的情况下, α 的具体范围, 见表 10-2。

表 10-2　在不同的 l_{GC} 距离下满足测量允许误差的 α 值范围表

允许测量误差 $\beta/\%$	不同 l_{GC} 距离下的 α 值范围		
	5D	3D	2D
5	0.56~0.67	0.59~0.65	0.59~0.63
10	0.50~0.71	0.55~0.68	0.58~0.66

注:D 为接地装置测试极的最大对角线长度。

表 10-2 所列 α 的范围就是测量时电压极的布置位置。从表中可见，l_{CC} 的距离越短，即辅助电流极的位置越近，保证测量准确度所要求的 α 的区间越小，辅助电压极的准确位置越难掌握。

(三) 电压极位置的调整

在实际现场条件下，由于测量地区的土壤电阻率不一定都是均匀的，各种沟道、岩石以及地下还可能存在金属管道，它们都将影响电流场的分布，给测量结果带来误差。因此，我们应当多次调整电压极的位置。在具体测量中电压极位置的调整就是零电位准确位置的寻找。

通常是采用试探法找寻大地零电位点的准确位置。就是在三极连成的直线上，在表 10-2 所列 α 的范围稍大的区域内，如 $(0.5\sim0.7)\,l_{CC}$ 内，以 l_{CC} 的 3% 为间距，连续打 5~7 个电压辅助极，进行 5~7 个点的测量。在具体操作上，可以打一点测一点，拔起电压极再打下一点位，测下一个数据。对于电压极的每一个点位，可以测得一个接地电阻值。

(四) 接地电阻测试值的确定

以接地电阻为纵坐标，以距离为横坐标，将测得的几个接地电阻值描绘在一张坐标图上，形成一条接地电阻的曲线。如果其中有至少 3 个电阻值的连线趋势走平，那这个位置对应的接地电阻值就是其准确值。不绘图也可直接判断，在所有测得值中，如果有 3 个以上电阻值之间相对误差小于 3% 时，就取这几个值的平均值为最终的测量结果。

我们在实际测量过程中是忽略了这些干扰的，但要注意不要靠近高频、高压等用电设备进行测量，在测量时也要多打几次桩，多测几组数据进行对比，以减小误差。

三、实验数据记录及处理

三极法测量地阻实验数据记录在表 10-3 中。

表 10-3　三极法测量地阻实验数据记录表

被测对象	接地电阻值/Ω	备注
××××实验楼 B 地线、不同实验接地金属棒		

数据分析如下。

此接地电阻的阻值在正常范围内，一般交流工作接地和安全工作接地，接地电阻不应大于 4 Ω，直流工作接地，接地电阻应该按计算机系统具体要求确定，防雷保护地的接地电阻不应大于 10 Ω。对于屏蔽系统，如果采用联合接地时，接地电阻不应大于 1 Ω。

四、注意事项

1. 要注意测量干扰地电压,看是否超过了仪器规定值。

2. 注意辅助电压极和辅助电流极与接地极的距离。

3. 注意辅助电压极和辅助电流极间要分开一定距离,不要缠绕在一起,避免相互干扰。

4. 在建筑物高处测试时若需要加接测试线,应扣除这段加接线的阻抗值,此段加接线的阻抗值必须是用本仪器测试出来的值。有时,此段加接线的阻抗值比接地体的电阻还要大(这种事情一般发生在测试信号频率较高以及加接测试线打圈未能全部放开的场合)。

5. 在开始测试之前要识别接地系统的类型。应根据类型选择适当的测试方法。

6. 无论选择了何种方法,测试结果应在与容许值对比之前接受校正。

第 11 章　离心泵性能测定实验

一、实验目的及要求

1. 熟悉离心泵的特性。
2. 学习离心泵特性曲线的测定方法。
3. 测定离心泵在恒定转速下的特性曲线。
4. 测定离心泵发生汽蚀的性能曲线。
5. 熟悉离心泵操作方法和特性曲线的应用。

二、实验原理

离心泵的主要性能参数有流量 V、压头 H_e、效率 η 和轴功率 N_a。通过实验测出在一定的转速下 H_e-V、N_a-V 及 η-V 之间的关系，并以曲线表示，该曲线称为离心泵的特性曲线。特性曲线是确定泵的适宜操作条件和选用离心泵的重要依据。

(一)流量 V 的测定

在一定转速下，用出口阀调节离心泵的流量 V，用涡轮流量计计量离心泵的流量 V，其单位为 m^3/s。

(二)压头 H_e(扬程)的测定

离心泵的压头(扬程)是指泵对单位质量的流体所提供的有效能量，其单位为 m。忽略两压力表截面之间的阻力损失，在进口真空表和出口压力表两侧压点截面间，基于伯努利方程得：

$$H_e = \frac{p_2}{\rho g} - \frac{p_1}{\rho g} + h + \frac{u_2^2 - u_1^2}{2g} \text{ m} \tag{11-1}$$

式中　p_1——泵进口处真空表读数，Pa；

p_2——泵出口处压力表读数，Pa；

h——压力表和真空表两侧压点截面间的垂直距离，m；

u_1——吸入管内水的流速，m/s；

u_2——压出管内水的流速，m/s；

ρ——水的密度，kg/m^3；

g——重力加速度，m/s^2。

(三)轴功率 N_a 的测定

离心泵的轴功率是泵轴所需的功率，也就是电动机传给泵轴的功率。在本实验中不直

接测量轴功率,而是用三相功率表测量电机的输入功率,再由下式求得轴功率:

$$N_a = N\eta_电\eta_传 \tag{11-2}$$

式中　N——电动机的输入功率,kW;

　　　$\eta_电$——电动机的效率,由电机样木查得;

　　　$\eta_传$——传动效率,联轴节连接 $\eta_传 = 1$。

(四) 离心泵效率 η 的测定

离心泵效率 η 为有效功率与轴功率之比:

$$\eta = \frac{N_e}{N_a} \tag{11-3}$$

式中　N_e——泵的有效功率,kW;

　　　N_a——轴功率,kW。

其中,

$$N_e = VH_e\rho g = \frac{9.81VH_e\rho}{1\,000} = \frac{VH_e}{102} \text{ kW} \tag{11-4}$$

$$N_a = \frac{2\pi mgLn}{60} \text{ kW} \tag{11-5}$$

式中　m——砝码质量,kg;

　　　n——转速,r/min;

　　　L——测臂长,m。

所以泵的效率可表示为

$$\eta = \frac{VH_e\rho}{102N_a} \tag{11-6}$$

因此,调节流量 V,分别读出对应的 p_1、p_2 及 m 值,经过数据整理,得出相应的 H_e、N_a 及 η 值,做出 $H_e\text{-}V$、$N_a\text{-}V$、$\eta\text{-}V$ 曲线,如图 11-1 所示。

三、实验装置

本实验用离心泵进行实验,其装置如图 11-2 所示。离心泵用三相电动机带动,水从水池吸入,经整个管线返回水池。在吸入管进口处装有阀2以便启动前灌满水;在泵的吸入口和出口分别装有真空表4和压力表5,以测量离心泵的进出口处压力;泵的出口管路装有涡轮流量计用作流量测量,并装有阀3以调节流量。本实验用马达-天平测功器测定轴功率。在生产上选用一台既满足生产任务又经济合理的离心泵,是根据生产要求的被输送流体的性质和操作条件下的压头与流量,并参照泵的性能来选定的。离心泵性能可用特性曲线来表示,即扬程和流量特性曲线 $H\sim Q$、功率消耗和流量特性曲线 $N\sim Q$、效率和流量特性曲线 $\eta\sim Q$,这 3 条关系曲线只能由实验测定。因此,离心泵在出厂前均由制造厂测定 $H\sim Q$、$N\sim Q$、$\eta\sim Q$ 曲线,作为离心泵的选用依据。

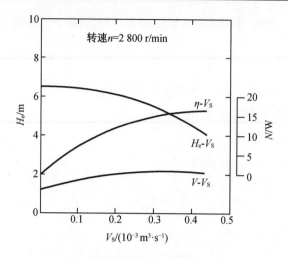

V_S—流体体积流量;N—电机输入功率。

图 11-1 离心泵性能曲线图性能曲线

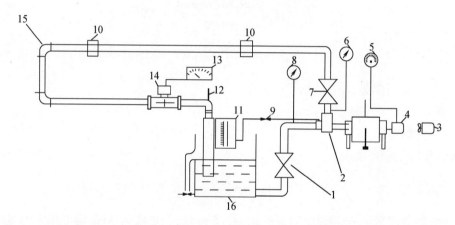

1—泵进口阀;2—离心泵;3—冷却风扇;4—转速传感器;5—转速表;6—压力表;7—泵出口阀;8—直空表;
9—灌水阀;10—特种法兰;11—计量槽;12—温度;13—频率表;14—透明涡轮流量计;15—弯头;16—水槽。

图 11-2 离心泵特性曲线实验装置图

四、实验方法及步骤

(一)特性曲线的测定

1.启动泵前先灌水、排气,启动泵时应关闭泵的出口阀。

2.在最大流量范围内合理分割流量进行实验布点,由离心泵出口阀门调节流量的大小。

3.待调节的流量稳定后,方能读取各参数,并记录读取流量为零时各参数的数据。

4.流量的测定是通过涡轮流量计测量,需注意量程及稳定电源的启闭。

5.记录数据,并把数据记录在表 11-1 中。

表 11-1　测定特性曲线实验数据表

实验序数	真空表读数 p_1/Pa	压力表读数 p_2/Pa	流速 V/(m³·s⁻¹)	转速 n/(r·min⁻¹)

(二) 允许吸上真空度的测定

1. 启动泵前先灌水、排气,启动泵时应关闭泵的出口阀。

2. 调节离心泵出口阀门,使泵的流量保持在一个固定值。

3. 逐步关小进口阀,使水槽内真空度逐渐增大。每调节一次进口阀开度,就记录涡轮流量计、真空表、压力表的读数。

4. 继续调节进口阀开度,直到压力表剧烈颤抖或压力表读数快速下降时,意味着水泵就发生了汽蚀现象,这时记录实验数据,并确定该流量下的汽蚀余量 Δh(压力计读数减去真空表读数即可获得)。

5. 记录数据,并把数据记录在表 11-2 中。

表 11-2　允许吸上真空度实验数据表

实验序数	真空表读数 p_1/Pa	压力表读数 p_2/Pa	流速 V/(m³·s⁻¹)	汽蚀余量 Δh/Pa

五、思考题

1. 离心泵启动前,为什么要灌水、排气?

2. 离心泵在启动时,为什么要先关闭出口阀,然后再慢慢加大到预定流量?

3. 用调节出口阀来调节流量的原理是什么?它有什么优缺点?

4. 为什么在离心泵进口管下装底阀?安装底阀后,管路的阻力损失是否会增大?你能否提出更好的方案?

5. 正常工作的离心泵,在进口处设置阀门是否合理,为什么?

第 12 章　循环热水机性能实验

一、实验目的及要求

1. 了解商用循环式热水机的测试标准。
2. 掌握商用循环式热水机制热量及能效的测试方法。
3. 了解蒸发温度、冷凝温度等热泵运行参数与制热量的关系。

二、实验依据与要求

1. 实验测试方法依据 GB/T 21362—2008《商业或工业用及类似用途的热泵热水机》执行。

2. 测量仪器仪表的准确定度应满足 GB/T 10870—2014《蒸气压缩循环冷水（热泵）机组性能试验方法》的规定并经校验或校准合格。

3. 测量仪器仪表的安装和使用应符合 GB/T 10870—2014《蒸气压缩循环冷水（热泵）机组性能试验方法》的规定。

4. 空气干、湿球温度的测量采用取样法测量。

5. 机组测试过程温度检测点包括排气口、回气口、冷凝进口、冷凝出口、蒸发进口、蒸发出口、油温、出风口；带经济器的则增加过冷进口、过冷出口、增焓进口、增焓出口。若有特殊要求，应增加该检测点。

6. 机组测试过程压力检测点包括低压压力（表压）和高压压力（表压），若有特殊要求，应增加该检测点。

7. 测试开始前应对比铂电阻的偏差，要求进、出水各铂电阻之差控制在±0.08 ℃，干、湿球铂电阻之差控制在±0.15 ℃。

注意：水侧应开启水泵循环水路，湿球铂电阻应不带湿纱布。

8. 测试过程，温度和流量以及空气干、湿球温度偏差应符合表 12-1 与表 12-2 的规定。

表 12-1　机组测试温度和流量偏差

项目		水流量 /[m³·(h·kW⁻¹)]	出口水温/℃	干球温度/℃	湿球温度/℃
制热	名义工况	±5%	±0.3	±1	±1
	最大负荷工况		±0.5		
	低温制热工况				
	融霜工况				
	最大负荷工况		±0.5		
	低温工况				

注：融霜工况为融霜运行前的条件，开始融霜时满足表 12-1 和表 12-2 规定的温度条件即可。

表 12-2 机组融霜时的温度偏差

工况	使用侧	热源侧
热泵制热融霜	出口水温/℃	干球温度/℃
	±3	±6

9. 循环加热式机组循环升温的实验方法应符合 GB/T 21362—2008《商业或工业用及类似用途的热泵热水机》中附录 A 的规定。

10. 循环加热式机组采用表 12-3 进行实验。

表 12-3 循环加热式机组循环升温测试工况表

实验项目		干球温度/℃	湿球温度/℃	初始水温/℃	终止温度/℃	水流量
名义工况	普通型	20	15	15	55	A
	低温型	7	6	9		A
最大负荷工况	43 ℃制热	43	26	29		A
融霜工况		2	1	9	55(可变)	A
低温工况	普通型	7	6	9		A
	低温型	−15(可变)	−			A

注:1. 水流量 $A = 0.172Q_n$,其中 Q_n 为机组名义工况的标称制热量。

2. "可变"指根据机组设定的最低循环水温、最高水温来确定,"−"表示无要求。

三、实验装置

循环加热式机组实验装置示意图如图 12-1 所示。循环加热式机组分为自带水泵和不带水泵两种形式,测试时均可按不带水泵形式进行,可选用实验室配备的循环水泵。循环水流量的值由在热水机名义制热量条件下,循环水在热水机换热端温升 5 ℃计算得到。

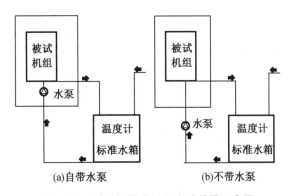

图 12-1 循环加热式机组实验装置示意图

标准水箱液面高度假设为 h,分别在标准水箱液面高 1/4h 处和 3/4h 处均匀布置 4 个温度测点(共 8 个),用于测量热水机初始温度和终止温度。

四、实验方法及步骤

(一)机组安装

1.5~150 kW 节能型综合性能实验室机组安装要求如下。

(1)只需切换空气源热泵热水机专用标准水箱及水路即可。

(2)注水时将机组进、出水阀门,混水阀门关闭,恒温水箱供水阀门及标准水箱回水阀门打开,直至注水完毕。之后关闭恒温水箱供水阀门及标准水箱回水阀门,打开机组进、出水阀门。

2.6~200 kW 节能型综合性能实验室机组安装要求如下。

如图 12-2 所示,机组与水泵工装进、出水口连接,水箱注水口与冷冻水进水口连接,水泵、注水电磁阀流量计电源使用专用的插座,流量计与测试软件的信号端口连接。

图 12-2 四号实验室机组安装示意图

(1)注水时,保持注水阀门为开,回水阀门、出水阀门为关;注完水后立即关闭注水阀门,打开回水阀门、出水阀门。

（2）注水电磁阀门（实验室进水口）为常开，排水阀门为常闭。

（3）注水电磁阀门（标准水箱）电源插座必须插在设备房后的注水电磁阀门插座上。

（4）连接好移动水泵、移动流量计数据传输接口。

（5）在注水前，确认软件"流量计积水量"与"热水器水箱水量"都归零，防止管路有空气或流量计处于空载状态，在确认两者不再动作后完成注水，之后立刻关闭注水电磁阀门（电磁阀门存在不完全关闭现象）。

（6）由于实际注水量与设置注水量存在偏差（软件采集延时），因此，可以参照标准水箱注水量校准记录表。

（7）循环流量可以通过测试软件设置，但低于 2.66 m³/h 时，需人为控制阀门来进行调节（移动流量计最低输出限制）。

（8）在标准水箱水位的 1/4、3/4 处各放置 4 根铂电阻，水箱外壁面同一水平位置各粘贴 4 根热电偶。

（二）软件设置

被测机类型选择循环式热泵热水器，按标定的结果输入管道漏热系数，管道长度、质量、比热容，水箱水量，水泵功率以及目标注水量，并勾选 8 根水箱内部温度测量铂电阻和 8 根水箱外壁温度测量热电偶。

（三）实验方法

向标准水箱注入 1 h 名义产水量的水，当进水温度稳定在略低于表 12-3 规定的初始水温度值，标准水箱内各测点温度与平均温度之差的绝对值不大于 0.3 ℃，且环境侧干、湿球温度符合表 12-1 的规定值时，开机运行。标准水箱内水的平均温度达到表 12-3 规定的终止水温度后，关机。记录机组的制热量、消耗功率、性能系数。

（四）制热量计算

机组制热量计算：

$$Q_h = CG(t_2 - t_1)/(3\,600 \times H \times 1\,000) + Q_x + Q_1 \tag{12-1}$$

式中　Q_h——热泵热水机制热量，kW；

C——平均温度下水的比热容，J/(kg·K)；

G——被加热水质量，kg；

t_1——初始水温度，℃；

t_2——终止水温度，℃；

H——加热时间，h；

Q_x——标准水箱和管道的蓄热量，kW；

Q_1——标准水箱和管道的漏热量，kW。

参 考 文 献

[1] 闻建龙.流体力学实验[M].镇江:江苏大学出版社,2010.

[2] 叶峰,肖东,陈小榆.流体与热工实验[M].北京:石油工业出版社,2020.

[3] 袁艳平,曹晓玲,孙亮亮.工程热力学与传热学实验原理与指导[M].北京:中国建筑工业出版社,2013.

[4] 吴业正.制冷原理及设备[M].4版.西安:西安交通大学出版社,2015.

[5] 赵荣义,范存养,薛殿华,等.空气调节[M].4版.北京:中国建筑工业出版社,2008.

[6] 隋博远.压缩机维护与检修[M].北京:化学工业出版社,2012.

[7] 李敏.冷库制冷工艺设计[M].2版.北京:机械工业出版社,2021.

[8] 龙建佑.小型制冷装置及其维护[M].北京:电子工业出版社,2007.

[9] 吕玉坤,叶学民,李春曦,等.流体力学及泵与风机实验指导书[M].北京:中国电力出版社,2008.

[10] 庞卫科,吕连宏,罗宏.高效热泵系统节能机理与实验[M].北京:中国环境出版集团,2021.